Advanced Python

[時系列解析]

自己回帰型モデル・状態空間モデル・異常検知

島田 直希 著

1

Advanced Python

編集委員　福島真太朗・堀越真映
編集協力　小嵜耕平

まえがき

　本書のテーマである「時系列解析」は過去の自身のデータから未来のデータを予測するために用いられる手法であるが，予測だけでなく，事象の分解・理解に強みを持つ手法でもある．現実世界で未来を予測することは非常に難しい問題であることは直観的に理解ができると思う．時系列解析手法を単に適用しただけでは予測がうまくいくことはほぼない．事象の観察 → モデリング → 不足している情報の考察（事象を再度観察）→ 必要な情報をモデルに組み込む（再モデリング）という作業を繰り返すことでモデルを構築していく必要がある．本書では，簡単なデータを用いた簡単な課題を例にとり，基礎的なモデル構築の過程を段階的に体験できるように心がけた．また数式の提示は最小限にし，自学により応用範囲を広げてもらえるように，どの場面で，なぜその手法を使うのかを考えられるように説明することを心がけた．この点において，理論的な解説を最小限に留めたため，詳細を他書に譲ることも多くなっている点はご了承願いたい．

　データという観点から考えると，時系列データは多くのビジネス現場で発生するデータである．近年，IoT の普及により機械から吐き出されるセンサーデータの量が増えており，今後益々，時系列解析・信号解析の需要は増えていくと考えられる．しかし動的なデータとして時系列データを十分に活用できている現場は少ないのではないかと考えている．時系列データに対して時間を説明変数としたあまり適切ではない単回帰を適用しているような場面もしばしば見かける．時系列データは特殊なデータであり，時系列データに適した手法が存在することを本書を通してご理解いただきたい．

　時系列解析手法はマーケティングや経済の領域だけでなくロケットの軌道推定，ロボットの制御，脳信号解析などでも古くから利用され，幅広い活用場面がある．

　十分に時系列データを活用するには自らが立てた仮説に従ってデータを取得・加工する必要がある．仮説の実証には既存のツールをうまく活用しながらコードを書いて自らの考えを実現することが近道である．幸い，統計解析／機械学習／科学計算のための広範なツールを提供している Python，R 言語，Julia といったプログラミング言語が現在存在する．データ解析プロセスを素早く回す上でも車輪の再開発をせずに既存ツールを上手に活用することは重要である．本書では，Python を使った時系列解析の基礎的な内容を提供する．Python で時系列データの解析を取り扱っている書籍は少ないため，本書が Python ユーザにおける時系列解析の裾野を広げる一助となれば幸いである．

本書の構成

本書は以下のように 4 つの章で構成されている.

第 1 章：時系列データの基本的な知識およびデータ加工方法，第 2 章以降で必要になってくる知識，四則演算でできるレベルの時系列データ解析方法を説明

第 2 章：経済・マーケティングの分野で多く用いられる AR モデルに代表される自己回帰型の古典的なデータ解析手法について説明

第 3 章：工学分野の信号処理でも活躍の場面が多いカルマンフィルタに代表される状態空間モデルについて説明

第 4 章：IoT 分野で活躍の場面が多い異常検知について説明

上の 4 つの章とは別に付録として NumPy，Pandas，TensorFlow についての初歩的な操作方法について記載した．NumPy などになじみがない方は参考にしてほしい.

サポートサイト

本書の事例で用いたコードや誤植などはサポートサイト

https://www.kyoritsu-pub.co.jp/bookdetail/9784320125018

から確認してほしい.

謝辞

福島真太朗氏には構成段階から多大な示唆をいただき，本書の内容をより正確なものにできた．本書の執筆・出版にあたりご協力いただいた多くの方々に感謝の意を表します.

2019 年 7 月

島田直希

目　次

第 1 章　時系列データの記述・処理　　　　　　　　　　　1

1.1　時系列データとは　…………………………………………………………　1

1.2　時系列解析の概要　………………………………………………………………　4

1.3　Python による時系列データ分析のための準備　………………………　5

　1.3.1　Python のインストール　………………………………………………　5

1.4　加法モデルと乗法モデル　………………………………………………………　6

　1.4.1　時系列データの構成要素　………………………………………………　6

1.5　移動平均（時系列変動の平滑化）　……………………………………………　9

　1.5.1　平滑化　…………………………………………………………………………　9

　1.5.2　移動平均の例　……………………………………………………………　10

1.6　中心化移動平均　…………………………………………………………………　11

　1.6.1　中心化移動平均の例　……………………………………………………　12

1.7　季節調整　…………………………………………………………………………　13

　1.7.1　季節調整とは　……………………………………………………………　13

　1.7.2　季節調整の例　……………………………………………………………　14

　1.7.3　季節指数の意味　…………………………………………………………　16

　1.7.4　季節指数を用いた販売目標の設定　……………………………………　16

1.8　移動平均乖離率　…………………………………………………………………　17

1.9　時系列データの基本統計量と前処理　………………………………………　18

　1.9.1　基本統計量　………………………………………………………………　18

　1.9.2　データ変換　………………………………………………………………　20

　1.9.3　欠測データ　………………………………………………………………　20

　1.9.4　統計的仮説検定　…………………………………………………………　21

　1.9.5　時間依存性の発見（自己相関の検定）　………………………………　23

　1.9.6　定常性（時系列データの性質）　………………………………………　27

　1.9.7　ホワイトノイズ　…………………………………………………………　29

第2章　自己回帰型モデル　　31

2.1　パラメタ推定 …………………………………………………………… 31

  2.1.1　最小二乗法 ………………………………………………………… 31

  2.1.2　最尤法 ……………………………………………………………… 33

2.2　AR モデル ……………………………………………………………… 34

  2.2.1　手法概要 …………………………………………………………… 34

  2.2.2　StatsModels による例 …………………………………………… 37

2.3　MA モデル ……………………………………………………………… 44

  2.3.1　手法概要 …………………………………………………………… 44

2.4　ARMA モデル …………………………………………………………… 47

  2.4.1　手法概要 …………………………………………………………… 47

  2.4.2　StatsModels による例 …………………………………………… 48

2.5　ARIMA モデル ………………………………………………………… 50

  2.5.1　手法概要 …………………………………………………………… 50

  2.5.2　StatsModels による例 …………………………………………… 51

2.6　SARIMA モデル ………………………………………………………… 56

  2.6.1　手法概要 …………………………………………………………… 56

  2.6.2　StatsModels による例 …………………………………………… 57

2.7　単位根過程 ……………………………………………………………… 59

  2.7.1　単位根の概要 ……………………………………………………… 59

  2.7.2　単位根検定 ………………………………………………………… 62

  2.7.3　StatsModels による例 …………………………………………… 63

2.8　VAR モデル ……………………………………………………………… 66

  2.8.1　手法概要 …………………………………………………………… 66

  2.8.2　StatsModels による例 …………………………………………… 67

2.9　因果性の検証——グレンジャー因果 …………………………………… 74

  2.9.1　手法概要 …………………………………………………………… 74

  2.9.2　StatsModels による例 …………………………………………… 76

2.10　見せかけの回帰 ………………………………………………………… 79

  2.10.1　見せかけの回帰が起こるデータ ………………………………… 79

  2.10.2　見せかけの回帰が起こるシステムと起こらないシステム ……… 79

  2.10.3　StatsModels による例 ………………………………………… 81

第3章 状態空間モデル──ベイズ型統計モデル　　85

3.1 連続状態空間モデル ……………………………………… 86
3.1.1 状態の逐次推定 …………………………………… 87
3.1.2 線形ガウス型モデル ……………………………… 90
3.2 線形ガウス型モデルの設計と解析 ……………………… 94
3.2.1 トレンドの推定 …………………………………… 94
3.2.2 季節調整モデル …………………………………… 100
3.2.3 AR成分付き季節調整モデル ……………………… 106
3.2.4 信用区間の計算 …………………………………… 115
3.3 非線形非ガウス型モデル ………………………………… 118
3.3.1 粒子フィルタ ……………………………………… 120
3.3.2 効率的なリサンプリング ………………………… 123
3.3.3 粒子フィルタを用いた線形季節調整モデルの実装例 ……… 124
3.3.4 粒子フィルタを用いた自己組織化状態空間モデルの実装例 …… 131
3.3.5 固定ラグ平滑化の実装例 ………………………… 139
3.3.6 信用区間の計算 …………………………………… 143
3.4 離散状態モデル …………………………………………… 144
3.4.1 HMM概要 ………………………………………… 145
3.4.2 HMMのパラメタ推定手法 ……………………… 146
3.4.3 `hmmlearn`による例 …………………………… 148

第4章 異常検知　　151

4.1 異常検知概要 ……………………………………………… 151
4.1.1 異常検知の評価 …………………………………… 154
4.2 変化点検出 ………………………………………………… 155
4.2.1 ChangeFinder ……………………………………… 155
4.3 Bayesian Online Change Point Detection ……………… 160
4.3.1 理論概要 …………………………………………… 160
4.3.2 Bayesian Changepoint の実装例 ………………… 164
4.4 深層学習を用いた異常検知 ……………………………… 170
4.4.1 理論概要 …………………………………………… 171
4.4.2 EncDec-AD の実装例 …………………………… 173

Appendix 183

A.1 NumPy の基礎 183

A.2 Pandas の基礎 196

A.3 TensorFlow の基礎 203

参考文献 207

索　引 209

第❶章 | 時系列データの記述・処理

　時間軸に沿って変化している現象の解析を**時系列解析** (time series analysis) という．もう少しイメージしやすい言葉でいうと，過去のデータから，その変動の傾向・周期・不規則さなどを，統計的もしくは確率的な手法を用いて記述，モデリングおよび予測する手法である．当該手法は，近年，マーケティング分野や製造業，セキュリティ分野などにも応用がされており，幅広く活用がされている．本章では，時系列データとは何か，時系列データを扱う上での注意点，時系列データの簡単な解析方法について説明する．

1.1 時系列データとは

　時系列データは，測定対象の，ある側面をある時間間隔で観測した結果の集まりである．具体例として毎日の気温や降水量，営業日ごとの株価の終値があげられる．通常の時系列データは観測者によって観測の時間間隔が設定される．一方で，事象が発生した時刻に意味があるデータも存在する．例えば，店舗の売上，広告のクリック，為替のティックデータ[1] などがあげられる．これらのデータは時系列データと同様に，測定対象となるデータそのものとは別に測定された時刻の情報をセットでもっている．しかし一定の間隔ではなく，事象が発生したタイミングで測定されたデータは**点過程** (point process) データと呼び，時系列データとは明確に区別されている．

　時系列データは一定間隔で測定された連続量として扱うため，折れ線グラフで図示する．つまり前提として，ある時点で測定されたデータと，1つ前に測定されたデータとの間は直線的に変化すると仮定している．本来この2つのデータの間がどうなっているのかは（測定して

---

1)　取引が成立するたびに，その時刻，価格，ボリュームなどを記録したデータのこと．

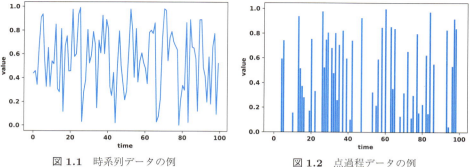

図 1.1　時系列データの例　　　　　図 1.2　点過程データの例

いないため）不明なのだが，それを連続していると仮定して補間しているのである．時系列解析の目的は，あるデータが時間で変化していく傾向を分析することだが，点過程データにはこのような前提はおかない．点過程データのグラフでは，ある事象が生起した時刻に観測対象の値を示す縦線を描く（棒グラフではなく「線」であることにも注意）．測定された時刻ごとに図示されるため，1つ前のデータとの時間の間隔はバラバラである．点過程データの目的は，ある事象が発生した時間そのものを分析することである（受発注の履歴など）．

　時系列解析の第一歩として，まずデータを図示してみることをお勧めする．これにより，時系列の大まかな特徴を捉えることができ，今後の解析方針を立てることができる．図1.1には時系列データを，図1.2には点過程データの例を図示した．

　図 1.1 のように観測値が時間の経過とともに不規則に変動するというのも時系列データのひとつの特徴である．時系列データがもつ特徴を分解し，理解していく方法については次節で述べる．

　後述のホワイトノイズの累積和のような時系列データ（例えばランダムウォークしているデータ）に対して，回帰分析は有効ではないということが知られている．誤差が1日ごとに累積していくと考えられるデータに対して回帰分析をしたときの検定結果は信用できないものとなる．このように，時系列データは1つの特殊なデータであると認識しておかなければ，間違った手法を用い，間違った結果を導いてしまう可能性があるため注意が必要である．

　時系列データの種類とその例をあげる．

- **連続時間時系列と離散時間時系列**
　連続的に記録されたデータは**連続時間時系列** (continuous time series) と呼ばれる．一方で，ある時間間隔（例えば1日）で観測されたものを**離散時間時系列** (discrete time series) と呼ぶ．離散時間時系列には等間隔に観測されたものと不等間隔なものとがある．図 1.1 に示した時系列は実線で連続的に結ばれているが，実際には離散時間時系列である．計算機を用いて解析する場合には，離散的な観測値を取り扱うことがほとんどであり，本書でいう時系

列は離散時間時系列を意味する.

- **1変量時系列と多変量時系列**

  各観測時点で1種類の情報のみを得るものが**1変量** (univariate) **時系列**である.これに対し,2つ以上の情報を同時に取得したものが**多変量** (multivariable) **時系列**である.

- **定常時系列と非定常時系列**

  時系列は時間とともに不規則な変動をしているが,時系列解析ではこのような不規則な変動を確率的なモデルで表現する.このとき,一見したところ不規則な現象でも時間的に変化しない一定の確率的モデルの実現値とみなすことができる場合がある.このような時系列を**定常時系列** (stationary time series) と呼ぶ.一方,平均が時間とともに変動していたり,平均まわりの変動の仕方が時間的に変化しているものを**非定常時系列** (non-stationary time series) という.

- **ガウス型時系列と非ガウス型時系列**

  時系列データとして観測された値の分布が正規分布(ガウス分布)に従うものが**ガウス型時系列**,そうでない場合が**非ガウス型時系列**である.本書で取り扱う多くのモデルはガウス分布に従うものと仮定したガウス型時系列モデルである.変動のパターンに上下非対称性が見られ,そのままでは周辺分布が正規分布とはみなせない時系でも,データに適切な変換を施すことによって近似的にガウス型時系列とみなせるようになることもある.

- **線形時系列と非線形時系列**

  線形モデルの出力として表現できるような時系列は**線形時系列** (linear time series) と呼ばれる.これに対し非線形なモデルが必要なものは**非線形時系列** (non-linear time series) と呼ばれる.

- **欠測値と異常値**

  実際の時系列解析において注意すべきものとして**欠測値** (missing value) と**異常値** (outlier) がある.何らかの理由で観測値が記録されなかった場合,その部分を欠測値と呼ぶ.また,観測している現象自体の異常な振舞い,観測装置の異常,記入やデータ転送時のミス等によって明らかに異常なデータがある場合,これらは異常値(外れ値)と呼ぶ.

  最後に時系列データで用いられる代表的な統計量を以下に記載する.

- 期待値
- 平均
- 分散
- 標準偏差(ボラティリティ)
- 自己共分散(自己相関)

これらの統計量は時系列解析の中でも重要な役割を果たす．例えば，時系列データ y_t の平均的な値や変動幅の予測というのは，将来の y_t の期待値と分散（標準偏差）の評価をしていることになる．また，自己相関は時系列解析特有の統計量であり，時系列データを扱う際には非常に重要な役割を果たす．自己相関とは，自身を時間シフトしたデータとどれだけ良く整合するかを測る尺度であり，時間シフトの大きさの関数として表される．例えば薬を飲んだ際の薬物血中濃度で自己相関がみられる．時系列データでは自己相関があることにより前処理において考慮すべき事項が通常のデータとは異なるため，注意が必要である．

1.2 時系列解析の概要

本書では「記述」「モデリング」「予測」の3つの問題について考え，これらを時系列解析の目的とする．個別の概要については以下のとおりである．

- 記述

  時系列の図示，自己共分散，自己相関などの基本的な記述統計量を用いて時系列の特徴を示す．本書では1.4節から1.9節が該当する．

- モデリング

  与えられた時系列データに対し，その特徴を表現する時系列モデルを構成し，時系列の確率的構造を解析する．時系列データは様々な特徴をもつものがあるので，解析の対象や目的に応じて適切な時系列モデルを選択し，そのモデルに含まれるパラメタを推定をする必要がある．本書では第2章および第3章が該当する．

- 予測

  時系列データが互いに相関をもつことを利用し，過去データから将来の変動を予測する．異常検知も過去データとの関係性を利用し異常を予測する手法であると見ることもできるので，本書では予測に分類する．本書では第2章の一部の節，第3章および第4章が該当する．

時系列解析においても通常のデータ解析と同じように，記述→モデリング→予測の順に問題を解いていく．

1.3 Pythonによる時系列データ分析のための準備

1.3.1 Pythonのインストール

　本書で使用する Python は，インデント強制ルールなどによりコードが読みやすい特徴があり，学習も比較的容易な言語である．本書では Anaconda ディストリビューションを使用する．Anaconda は多くのパッケージを含み，本書で中心的に使用する StatsModels，NumPy，Pandas などのパッケージがデフォルトでインストールされており，本書で用いる環境を構築する手間が省ける．Anaconda にプリインストールされているパッケージについては `https://docs.anaconda.com/anaconda/packages/pkg-docs` を参照してほしい．また，`conda` コマンドを使用して Python の仮想環境が簡単に作れ，クリーンな環境を保つことができるという点も魅力である．Anaconda の最新版は，`https://www.anaconda.com/download/` からダウンロード可能である．ダウンロード後は，各 OS 用のインストーラーや Shell 実行後の指示に従ってインストールを進めてほしい．インストール後，

```
$ python
```

をターミナルで実行し，

```
Python 3.7.3 (default, Mar 27 2019, 17:13:21) [MSC v.1915 64 bit (AMD64)] ::
Anaconda, Inc. on win32
```

のように `Anaconda, Inc.` という文字が表示されれば，Anaconda ディストリビューションを使用していることが確認できる．Anaconda をインストールした直後は以下のコマンドを実行して，パッケージ管理システムである `conda` を最新版に更新しておいてほしい．

```
$ conda update conda
```

　本書では，以下のバージョンを使用した．

- Python 3.7.3
- hmmlearn 0.2.1
- Matplotlib 3.0.3
- NumPy 1.16.2
- Pandas 0.24.2
- Pykalman 0.9.5
- Scikit-learn 0.20.3

- SciPy 1.2.1
- StatsModels 0.9.0
- TensorFlow 2.0.0a0

なお，本書では Jupyter 上での実行を想定したコードを提示する．ターミナルや IDE で実行する場合は画像やデータの表示方法が異なることがあるため，注意してほしい．また，Jupyter 上で以下のコードを実行して Matplotlib，NumPy，Pandas のインポートが終わっていることを前提とする．

```
%matplotlib inline
import matplotlib.pyplot as plt
imoprt numpy as np
import pandas as pd
```

1.4 加法モデルと乗法モデル

何も加工を施していない時系列データ（原系列データ）は**傾向変動**（トレンド，長期変動，trend variation），**季節変動** (seasonal variation)，**不規則変動** (irregular variation) の3つの変動成分に分解できる．

1.4.1 時系列データの構成要素

作成された時系列プロットの特徴を適切につかむためには，時系列データの一般的な構成要素を知る必要がある．いま，対象となっている時系列データを原系列データとすると，原系列データは，次の3つの変動成分の合成であると考えることができる．

- **傾向変動（トレンド）**：時間とともに単調に増加／減少する変動．増加または減少傾向を持続する長期的，系統的な変動であり，線形関数または非線形関数の形で表現される．
- **季節変動**：季節によって左右される，1年を周期として規則的に繰り返される変動．ただし，1年を周期としなくても，同じサイクルで繰り返される日変動のような固定的な変動があれば，季節変動と同様な手順で処理できる．
- **不規則変動**：上記以外の説明がつかない不規則かつ短期間に起こる小変動．この変動を誤差的な変動（ノイズ）と，突発的に生じた特異的変化（イレギュラー）とに区別する見方もある．

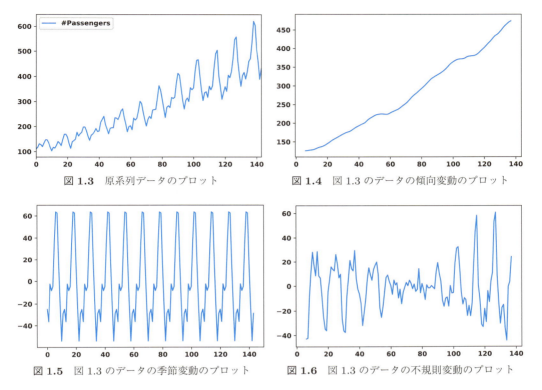

図 1.3 原系列データのプロット　　図 1.4 図 1.3 のデータの傾向変動のプロット

図 1.5 図 1.3 のデータの季節変動のプロット　　図 1.6 図 1.3 のデータの不規則変動のプロット

図 1.3 に典型的な時系列データ（月ごとの旅客機の乗客数）を示す．実際の時系列データがどのような要素で構成されたものかはデータによって異なるが，トレンド部分（傾向変動）や季節変動の部分だけでも特定できれば現象の理解に大いに役立つ．図 1.3 では時間が進むにつれ（横軸の数値が増加するにつれ），乗客数（縦軸の数値）が増加しており，この増加傾向が傾向変動にあたる．また，約 12 ヶ月の周期で乗客数が変動しており，この変動が季節変動にあたる．そして，傾向変動と季節変動では説明できない変動が不規則変動である．図 1.4 から図 1.6 に図 1.3 を各成分に分解した図を示した．

時系列データを 3 つの基本成分の合成であると考えるとき，合成の仕方として**加法モデル** (additive model) と**乗法モデル** (multiplicative model) の 2 とおりの方法が考えられる．加法モデルはそれぞれの成分の和，乗法モデルは積であるとする考え方である．原系列データを時間 t の関数として $O(t)$ で表す．傾向変動，季節変動，不規則変動をそれぞれ，$T(t)$，$S(t)$，$I(t)$ とすると，原系列データを各変動の和であるとする加法モデルでは，以下が成立する．

$$O(t) = T(t) + S(t) + I(t)$$

一方，各変動の関係を比率的に解釈し，原系列データをそれぞれの成分の積で表現できるとする乗法モデルでは，以下が成立する．

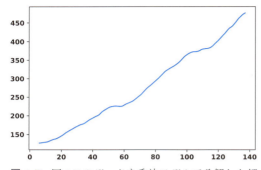

図 **1.7** 図 1.3 のデータを乗法モデルで分解した傾向変動のプロット

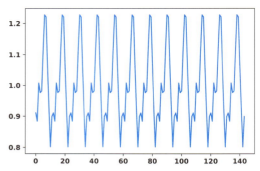

図 **1.8** 図 1.3 のデータを乗法モデルで分解した季節変動のプロット

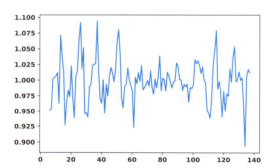

図 **1.9** 図 1.3 のデータを乗法モデルで分解した不規則変動のプロット

$$O(t) = T(t) \times S(t) \times I(t)$$

加法モデルでは，$O(t)$ の値が大きいときも小さいときも，固定した量の季節成分の値が加算されるだけなので，季節変動の幅は一定である．一方で乗法モデルでは比率が乗じられるので，$O(t)$ の値が大きいときは大きな変化幅となり，小さいときは小さな変化幅となる．図 1.7 から図 1.9 に図 1.3 を乗法モデルで分解した図を示している．

ここで，不規則変動は傾向変動と季節変動では表現できなかった残差に相当するものであるため，傾向変動および季節変動のみで原系列を復元することを考える．加法モデルでは

$$\hat{O}(t) = \hat{T}(t) + \hat{S}(t)$$

乗法モデルでは

$$\hat{O}(t) = \hat{T}(t) \times \hat{S}(t)$$

で表すことができる．図 1.4，1.5，1.7，1.8 の数値から復元した値と原系列の値の差のグラフは図 1.10，1.11 のようになる．

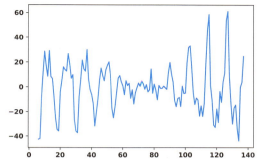 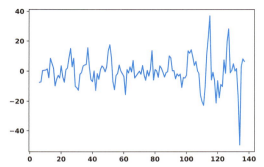

図 1.10 図 1.3 のデータと加法モデルから復元した値との差のプロット（図 1.6 と一致）　　**図 1.11** 図 1.3 のデータと乗法モデルから復元した値との差のプロット

2つの図をみると，加法モデル（図 1.10）では 0 時点付近または 140 時点付近に向かって傾向変動と季節変動では表すことができない不規則変動が大きくなっている．一方，乗法モデル（図 1.11）では 100 時点以降で不規則変動が大きくなっている．一般的に図 1.3 のように傾向変動の大きさと季節変動の上下の振れ幅に相関があるようなデータでは，乗法モデルのほうがうまくあてはまるといわれているが，図 1.10 および図 1.11 から乗法モデルの優位性を確認できる．実際に時系列解析を行う際は，データの傾向を見て加法モデルと乗法モデルのどちらを使うかを検討する必要がある．

1.5　移動平均（時系列変動の平滑化）

時系列データには，トレンドや季節変動などの解釈上の意味がある成分の他に不規則に上下する誤差変動（ノイズ）が含まれている．この誤差変動が大きい場合，原系列データから意味のあるパターンを読み取ることが難しくなる．このような場合に，変化のパターンを読みやすくするために，時系列変動の**平滑化**（スムージング，smoothing）を行い誤差変動をキャンセルアウトすることが有効である．

1.5.1　平滑化

観測される時系列データの非系統的な誤差部分をキャンセルアウトするための平滑化には，局所的に平均または中央値をとる方法がある．前者は**移動平均法** (moving average method)，後者は**移動中央値法** (running median method) と呼ばれる．2つの方法のうち，本節では移動平均法について説明を行う．移動平均法は各時点の観測データをその周辺 n 個のデータの単純（もしくは加重）平均によって置き換える．ここで n はウィンドウサイズという．

1.5.2 移動平均の例

実データを使い実際に移動平均を求めてみよう．ここでは `https://www.mizuhobank.co.jp/rate/market/historical.html` からダウンロード可能な，みずほ銀行の外国為替相場のヒストリカルデータ（月次）を使用する．

まず，Pandas を用いてデータを確認する[2]．

```
df_historical = pd.read_csv('{path_to_csv}/m_quote.csv')
df_historical
```

Jupyter 上でコマンドを打つと以下のようにデータが表示される．

	Unnamed: 0	USD	GBP	EUR	CAD	CHF	SEK	DKK	NOK	AUD	...
0	2002/4/30	131.15	189.01	115.97	82.83	79.13	12.73	15.61	15.20	70.24	...
1	2002/5/31	126.44	184.56	115.88	81.58	79.60	12.57	15.59	15.43	69.58	...
2	2002/6/28	123.53	183.00	117.83	80.64	80.09	12.94	15.86	15.92	70.29	...
3	2002/7/31	118.05	183.64	117.23	76.52	80.16	12.67	15.79	15.83	65.42	...
4	2002/8/30	119.08	183.14	116.45	75.85	79.60	12.59	15.69	15.68	64.47	...
5	2002/9/30	120.58	187.60	118.27	76.63	80.74	12.90	15.94	16.08	65.95	...
...											
181	2017/5/31	112.26	145.05	124.10	82.59	113.72	12.78	16.68	13.21	83.45	...
182	2017/6/30	110.92	141.95	124.51	83.31	114.54	12.77	16.74	13.10	83.74	...
183	2017/7/31	112.43	146.00	129.42	88.34	117.15	13.49	17.41	13.76	87.54	...
184	2017/8/31	109.94	142.57	129.89	87.22	113.82	13.60	17.46	13.93	87.08	...
185	2017/9/29	110.75	147.11	131.84	90.03	115.07	13.84	17.72	14.15	88.25	...

各通貨の 2002 年 4 月からの月次の終値が格納されていることが確認できる．以下のコマンドで USD（米ドル）の為替データをプロットする．

```
df_historical.USD.plot()
```

図 1.12 に月次の USD の原系列データ，24 ヶ月および 48 ヶ月移動平均線を示した．実線は原系列データ，破線と点線はそれぞれ 24 ヶ月と 48 ヶ月の移動平均線である．移動平均をとることで，小さな上下の変動部分が消し去られ，傾向を容易に読み取ることができる．

ここで，Pandas における移動平均の求め方について説明しておく．Pandas では `rolling` メソッドを使用することで簡単に移動平均を計算することができる．例えば 24 ヶ月移動平均の場合は

---

2) コード内の {path_to_csv} は quote.csv が保存されているディレクトリのパスを意味する．個人の環境によって適宜書き換えてほしい．

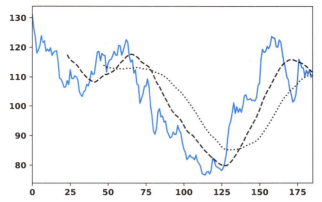

図 1.12 2002 年 4 月からの USD の原系列と 24 ヶ月／48 ヶ月移動平均線

```
df_historical.USD.rolling(24).mean()
```

または

```
df_historical.USD.rolling(window=24).mean()
```

とするだけでよい．`rolling` メソッドはデフォルトで後方移動平均（対象の時点とそれ以前の時点の値を使って平均を計算する方法）をとる．中央移動平均を計算したい場合は `center` オプションで `True` を指定する必要がある．

　移動平均線は，平均をとる時点の数（ウィンドウサイズ）によって変わる．一般に平均される時点の数が大きいほど滑らかな線が得られ，大きなウィンドウサイズは，長期的な傾向をみるのに適している．一方，小さなウィンドウサイズによって短期的な傾向がつかめる．一般に，どれくらいの幅がトレンドの長期／短期を示すかは対象としているデータ系列によって異なる．ウィンドウサイズは現場の知識および経験，解決すべき課題に応じて決められるものである．後述する MA モデルはここで説明した移動平均の概念を使用している．

1.6　中心化移動平均

　移動平均は，単純に原系列データの平滑化のために使用されるだけではなく，次節で説明する季節調整を行う場合にも使用する．つまり，変動周期に合わせたウィンドウサイズを用いた移動平均をとれば，原系列データから季節変動のパターンを取り除くことができる．四半期デ

12   1.6 中心化移動平均

ータであれば四半期移動平均，月別データであれば 12 ヶ月移動平均をとれば，原系列データの変動パターンから季節変動の影響を取り除いた時系列データが作成できる．しかしウィンドウサイズが偶数の場合，移動平均系列と時点との対応が適切にとれない．例えばウィンドウサイズが 12 ヶ月の場合，1 月から 12 月の移動平均を考えると 6.5 月時点に対応し，2 月から翌年 1 月の移動平均は 7.5 月時点と対応する．したがって，7 月時点に対応する系列を求めるためには 6.5 月時点と 7.5 月時点に対応する 2 点の平均をとる必要がある．この操作を**中心化移動平均** (CMA: centered moving average) という．これを繰り返すことで，各月に対応する中心化移動平均系列を求めることができる．

1.6.1 中心化移動平均の例

2003 年から 2012 年における月ごとのアイスクリームの家庭平均消費額データを例として見てみる．データは e-Stats の家庭調査データから取得可能だが，奥村晴彦先生のサイト (`https://oku.edu.mie-u.ac.jp/~okumura/stat/160118.html`) から CSV ファイルにまとめられたものがダウンロード可能である．本項では当該 URL からダウンロードしたファイルを使用する．まず，Pandas で CSV ファイルからデータを読み出し，グラフで確認する．

```
df_ice = pd.read_csv('{path_to_csv}/icecream.csv')
df_ice
```

Jupyter 上でコマンドを打つと以下のようにデータが表示される．

	year	month	expenditure_yen
0	2003	1	331
1	2003	2	268
2	2003	3	365
3	2003	4	492
4	2003	5	632
...			
115	2012	8	1332
116	2012	9	849
117	2012	10	515
118	2012	11	326
119	2012	12	414

2003 年から 2012 年の毎年の月ごとのアイスクリームの消費金額が格納されていることが確認できる．また，以下のコマンドでデータをプロットすることができる．

```
df_ice.expenditure_yen.plot()
```

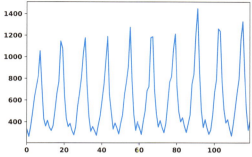
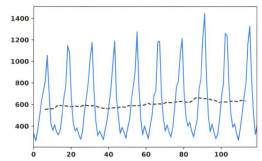

図 1.13　2003 年から 2012 年における月ごとのアイスクリームの家庭平均消費額のプロット

図 1.14　図 1.13 に中心化移動平均系列（破線）を重ねたグラフ

描画結果を図 1.13 に示す．図をみると，毎年同じパターンを示しており，冬は消費額が少なく夏にピークがある．また，年を追うごとに若干ではあるが消費額が上昇する傾向にあることがわかる．

図 1.14 をみると，中心化移動平均系列は，季節パターンを消し，トレンドのみを示しているのがわかる．図 1.14 の中心化移動平均系列を求めるには次のようにすればよい．

```
df_ma = df_ice.expenditure_yen.rolling(window=12).mean().shift(-6)
df_cma = df_ma.rolling(window=2).mean()
```

ここで，`shift` は Pandas DataFrame の格納位置を変更する操作に対応し，上の例では全体をインデックスの若い方向に 6 要素ずらしている．この操作は描画の際の時点の対応をとるために行っているもので，`df_cma` の最初の数値を 2003 年 7 月に合わせるための操作である．

1.7　季節調整

季節パターンがある場合，データからトレンドを読むためには季節パターンの影響を取り除かなくてはならない．ここでは，簡単な季節調整の方法と季節パターン（指数）の求め方を説明する．

1.7.1　季節調整とは

時系列データに季節変動を示すパターンがある場合に，成長率をみるには前月（前期）比伸び率として計算するのではなく，前年同月（同期）比伸び率として計算しなければならない．しかし変化の激しい昨今では，前年同月（同期）比だけを見ていては変化に対応しきれない可

14   1.7 季節調整

能性がある．このような場合は，まず季節変動を含む原系列データから季節変動を取り除いた
系列データに対して，前月（前期）比伸び率を計算することが考えられる．前述したとおり季
節パターンを取り除くためには，移動平均を利用すればよい．季節変動を除去することを**季節
調整** (seasonal adjustment) と呼び，季節調整が施されたデータは季節調整済み系列と呼ばれ
調整前のデータと区別される．例えば，季節変動を伴う時系列データが月次データの場合，季
節変動を除去するためには，12 時点の中心化移動平均を計算すればよいことになる．同じよ
うに，データの発生源に応じて 1 ヶ月や 1 週間，24 時間周期の変動パターンも季節変動に準
じて同様の手法が適用できる．

1.7.2 季節調整の例

季節変動の周期 (n) がはっきりしており，各周期にわたって各季節成分の値が一定であれ
ば，n 個の移動平均をとることで季節変動は除去できる．また，季節調整法のひとつである**セ
ンサス局法** (Census Bureau method) X-11 では，移動平均の手法を繰り返し利用することで
可変な季節成分の調整も行っている．しかし，移動平均を繰り返すだけでは恣意性があるこ
と，および不安定性が報告されており，現在では後述する ARIMA モデルを使用した X-13-
ARIMA などが使用されている[3]．時系列データを傾向変動 (T)，季節変動 (S)，不規則変動
(I) の 3 つの基本成分の合成であると考えるとき，合成の仕方として，それらの和であるとす
る加法モデルと積であるとする乗法モデルの 2 とおりが考えられる．ここでは乗法モデルに
よる季節調整を例として実施し，季節調整済みの値を求める．データは前節で使用したアイス
クリームの月別家庭消費額データを用いる．

乗法モデルの場合，原系列は 3 つの成分の積 $(O = T \times S \times I)$ で表されており，これから S
成分のみを除いた $T \times I$ 系列を季節調整済み系列として作成する．そのとき算術平均による移
動平均を使って T 成分を求めるという方法は必ずしも正確な方法とはいえない．乗法モデル
では変化率の平均を求めたいのであり，本来であれば幾何平均をとるべきである．しかし，算
術平均と幾何平均とは大きく違わないことが多いため，そのまま使用されていることが多い．
本項の例では簡単のために算術平均を使用し，以下の手順により季節調整を行う．

1. 中心化移動平均を求める：T 系列の作成
2. 原系列を中心化移動平均で除した値を求め 100 倍する：$S \times I$ 系列の作成
3. 手順 2 で求めた値から 12 ヶ月ごとの季節指数を求める．当該指数を求めるには，月ご
   との平均値を求めた上でその和が 1,200[4] になるよう調整する：S 系列の作成
4. 原系列を季節指数で割って 100 を掛け，季節調整済みの値とする：$T \times I$ 系列の作成

---

3) 参照：https://www.imes.boj.or.jp/research/papers/japanese/kk14-4-5.pdf
4) 12 ヶ月の場合を考えているため 1,200 であり，四半期を考える場合は合計が 400 になるように調整する．

まず，中心化移動平均系列 (T) を作成する．この系列では，もとのデータ系列 (O) の季節変動 (S) に加えて不規則変動 (I) も消去される．つまり，中心化移動平均系列 (T) は，傾向変動によって構成されていると考えられる．次に，原系列 $(O = T \times S \times I)$ を中心化移動平均系列 (T) で割って 100 倍した $S \times I$ の系列を作る．この系列データを対応する月ごとに集め平均をとって不規則変動 I を消去し，季節変動 S だけに関する数値を作成する．この数値を 12 ヶ月の合計が 1,200 となるように各月の数値を調整すると，各月の季節指数 (S) が求められる．最後に，もとのデータ系列 $(O = T \times S \times I)$ をこの季節指数 (S) で割って 100 倍すれば，季節調整済み系列（季調済み系列，$T \times I$）ができる．季節指数は以下で計算できる．

```python
# 原系列 (df_ice.expenditure_yen)/中心化移動平均系列 (df_cma)
df_orig_div_cma = df_ice.expenditure_yen / df_cma

# 月ごとに加算
orig_div_cma = df_orig_div_cma.values
s_index = np.zeros(12)
counter = np.zeros(12, dtype='i')
for idx in range(len(orig_div_cma)//12):
    # 12 ヶ月ごとにデータを抽出
    cut_orig_div_cma = orig_div_cma[idx*12:(idx+1)*12]
    mask = cut_orig_div_cma!=cut_orig_div_cma
    # numpy.where を使用して非数 (nan) を 0 にして加算する
    counter += np.where(mask, 0, 1)
    s_index += np.where(mask, 0, cut_orig_div_cma)
# 加算結果の各月平均
s_index /= counter
# 全体を 1200 に合わせ季節指数を計算
s_index = s_index / s_index.sum() * 1200
```

次に季節調整済み系列を計算する．

```python
# 季節指数を原系列の要素と対応させる
# 原系列のスタートが 1 月なので numpy.tile で 12 ヶ月分の季節指数を繰り返すだけでよい
tiled_s_index = np.tile(s_index, len(orig_div_cma)//12)

# 季節調整済み系列の計算
df_adjusted_series = df_ice.expenditure_yen / tiled_s_index * 100
```

これで季節調整済み系列の計算が完了した．原系列および季節調整済み系列を図 1.15 に図示した．12 ヶ月ごとの周期的な変動が季節調整によって消えていることがわかる．

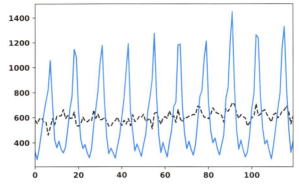

図 1.15 原系列（実線）と季節調整済み系列（破線）のプロット

1.7.3 季節指数の意味

前項で示した乗法モデルによる**季節指数** (seasonal index) の値は，100 を 1 年の平均値と考えた場合の各月の季節効果を含んだ相対的な値となっている．ここで，前項で計算した季節指数を見てみよう．

```
s_index
```

```
array([  57.05374632,   48.4935788 ,   61.87100094,   82.34066594,
        112.21945388,  129.50185932,  178.03993789,  201.78512364,
        122.39560152,   79.21403276,   59.2923283 ,   67.79267067])
```

例えば，8 月の季節指数は 201.79 であることから，8 月は年平均よりも季節効果により消費額が 101.79％ 分上積みされると考えられる．一方で冬場のアイスクリームの消費額は低く，1 月は年平均よりも 42.95％ 減の季節効果があるということがわかる．

1.7.4 季節指数を用いた販売目標の設定

ここまでの計算により，1 年における各月の消費傾向を示す季節指数が計算できた．この指数を使用し販売目標を立てることを考える．季節指数がすでに計算できている場合，以下のように簡単に求めることができる．

$$各月の目標値 = \frac{年間目標値}{1200} \times 季節指数$$

年間 1 億円の売り上げを目標にした場合，各月の売り上げ目標値は以下のように計算できる．

```
100000000 / 1200 * s_index
```

```
array([   4754478.86030336,    4041131.56706274,    5155916.74538307,
          6861722.16132518,    9351621.15707162,   10791821.61036477,
         14836661.49123359,   16815426.96965148,   10199633.4598289 ,
          6601169.39664237,    4941027.35817998,    5649389.22245296])
```

このようにマーケティング用途の計算をする際にも Pandas を活用することで，簡単に計算することができる．

1.8 移動平均乖離率

移動平均乖離率 (moving average deviation rate) は移動平均系列と原系列データとがどの程度離れているかを示す指標である．移動平均系列が近似的にトレンドを示していると考えられるため，トレンドからの乖離が大きい場合はその先のデータはトレンドの方向に戻ってくることが予想される．したがって，移動平均系列との乖離の程度を示す乖離率の過去の変動を分析することで，対象としている時系列データとトレンドとの乖離のパターンに関する経験則が明らかになり，原系列データの上昇／下降の変換点に関して知見が得られることがある．そのため株式のテクニカルチャート分析などで用いられている．

移動平均乖離率の単位はパーセントであり，計算式は以下である．

$$移動平均乖離率 = \frac{(原系列の値 - 移動平均値)}{移動平均値} \times 100$$

1.5 節で用いた USD の為替データを使用して移動平均乖離率を計算する．24 ヶ月，48 ヶ月移動平均線は図 1.12 のとおりである．ここでは 24 ヶ月移動平均線との乖離率を計算する．計算は以下のように行う．

```
ma24 = df_historical.USD.rolling(24).mean()
diff_ma24 = (df_historical.USD - ma24) / ma24 * 100
```

ここで求めた diff_ma24 を用いて diff_ma24.plot() により Jupyter 上で簡単にグラフを表示できる（図 **1.16**）．

さらに移動平均乖離率のヒストグラムを確認することで，乖離率の分布をみることができる．乖離率の分布を確認することで，現在の乖離率が異常なのかどうかが判断できる．ヒストグラムも Pandas の可視化機能を使用して，以下のように簡単に表示できる．

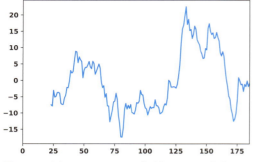 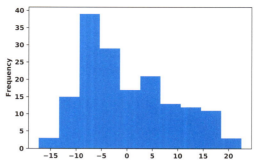

図 1.16 図 1.3(USD) の原系列と 24 ヶ月移動平均との乖離率のプロット

図 1.17 図 1.3(USD) の原系列と 24 ヶ月移動平均との乖離率のヒストグラム

```
diff_ma24.plot.hist()
```

表示結果を図 1.17 に示す．図 1.17 をみると −15% 以下や 20% 以上の乖離が発生することは稀であることがわかる．このようなデータの分布を活用した異常検知方法としてホテリング理論がある（文献 [10] を参照）．また乖離率とチャートの関係性を観察し乖離率の閾値を決めることで，変化点の検出に役立てることができる．上で説明したようにデータの統計や分布をみることでより意味のある情報をデータから引き出すことができる．

1.9 時系列データの基本統計量と前処理

時系列データにおいても一般的なデータ分析と同様に，最初に基本統計量を用いてデータの要約を行うことが多い．本節では時系列データ特有の基本統計量や変数変換を通して，時系列データの見方について説明する．

1.9.1 基本統計量

最も基本的な統計量は，**期待値** (expected value) もしくは**平均** (mean) であり，これは原系列の各時点の値 y_t が平均的にどれくらいの値をとるかを表すものである．y_t の期待値は $\mathrm{E}[y_t]$ と表記する．y_t が期待値から平均的にどの程度ばらつくかの度合いを表す統計量のひとつが分散である．y_t の**分散** (variance) は，より正確には期待値を用いて $\mathrm{E}[(y_t - \mu_t)^2]$ で定義され $\mathrm{Var}[y_t]$ と表記することにする．ここで $\mu_t = \mathrm{E}[y_t]$ である．また，分散の平方根は**標準偏差** (standard deviation) と呼ばれる．ファイナンス分野では，標準偏差のことを**ボラティリ**

ティ (volatility) と呼ぶことが多く，リスクを計測する重要な指標として用いられる．

　次に紹介する**自己共分散** (autocovariance) は時系列解析に特有の統計量である．名前から想像がつくかもしれないが，自己共分散は同一の時系列データにおける異なる時点間の共分散である．具体的には，1 次の自己共分散は

$$\gamma_{1t} = \mathrm{Cov}[y_t, y_{t-1}] = \mathrm{E}[(y_t - \mu_t)(y_{t-1} - \mu_{t-1})]$$

で定義される．ここで，$\mu_{t-1} = \mathrm{E}[y_{t-1}]$ である．自己共分散は，2 つの確率変数が同一の時系列データの要素であることを除いては，通常の**共分散** (covariance) と何ら変わることはない．したがって，自己共分散の解釈も共分散と同様にすることができる．例えば，1 次の自己共分散が正であれば，1 時点離れたデータは期待値を基準として同じ方向に動く傾向があり，逆に1 次の自己共分散が負であれば，1 時点離れたデータは期待値を基準として逆の方向に動く傾向がある．また，1 次の自己共分散が 0 であれば，そのような傾向は見られないということになる．2 次以降の自己共分散も同様に考えることができ，k 次に一般化した場合は次の式で定義される．

$$\gamma_{kt} = \mathrm{Cov}[y_t, y_{t-k}] = \mathrm{E}[(y_t - \mu_t)(y_{t-k} - \mu_{t-k})] \tag{1.1}$$

　ここで $\mu_{t-k} = \mathrm{E}[y_{t-k}]$ である．式 (1.1) を用いると，分散は 0 次の自己共分散と考えることもできる．また，自己共分散を k の関数として見たものは自己共分散関数と呼ばれる．**分散共分散行列** (variance-covariance matrix) の性質より，自己共分散関数は（半）正定値 (positive (semi) definite) になることが知られている．

　自己共分散のひとつの問題点は値が単位に依存してしまうことである．したがって，自己共分散の値によって変数間の関係の強弱を測ることはできない．そこで，値が単位に依存しないように自己共分散を基準化したものが**自己相関係数** (autocorrelation coefficient) であり，k 次の自己相関係数は

$$\rho_{kt} = \mathrm{Corr}[y_t, y_{t-k}] = \frac{\mathrm{Cov}[y_t, y_{t-k}]}{\sqrt{\mathrm{Var}[y_t] \cdot \mathrm{Var}[y_{t-k}]}} = \frac{\gamma_{kt}}{\sqrt{\gamma_{0t}\gamma_{0,t-k}}} \tag{1.2}$$

で表される．また，自己相関係数は単に**自己相関**といわれることもある．式 (1.2) より $\rho_{0t} = 1$ であることは明らかであり，自己相関係数は相関係数の一種であるので，$k \geq 1$ において $|\rho_{kt}| \leq 1$ も成立する．自己相関係数を k の関数として見たものは**自己相関関数**と呼ばれ，自己相関関数をグラフに描いたものは**コレログラム** (correlogram) と呼ばれる．自己共分散関数と同様，自己相関関数は正定値になる．自己相関関数はモデルの選択に非常に有用であり，様々な時系列モデルの自己相関関数の性質を理解することがひとつの大きな目的となる．

　これらの統計量は時系列解析の目的とも大きく関連している．例えば，時系列データ y_t の平均的な値や変動幅の予測というのは，将来の y の期待値と分散（標準偏差）の評価に他な

らない．また，y_t の予測に関しては，自己相関が重要な役割を果たす．例えば，現在のデータと将来のデータの自己相関が正とわかっている場合，現在のデータが平均より大きな値であれば，将来のデータも平均より大きな値になる傾向があるはずである．したがって，これらの統計量の値を推定することは，時系列解析の重要な役割を果たすことになる．

ここで将来の値の予測を考える．将来の観測値は存在しないので，存在しないものと過去の値との自己相関を評価する必要が出てくるが，これは y_t に何らかの構造を仮定することなしには予測不可能である．そこで時系列解析では**確率過程** (stochastic process) を導入する．時系列解析では観測している時系列データを，ある確率法則を背景に形成されている実現値であると理解する．つまり，時系列データ $\{y_t\}_{t=1}^{T}$ をある確率変数列 $\{y_t\}_{t=-\infty}^{\infty}$ からの 1 つの実現値とみなし，その確率変数列の生成過程に関して何らかの性質や構造を仮定する．この確率変数列を確率過程という．時系列解析では確率過程の構造を**時系列モデル**と呼ぶ．

1.9.2　データ変換

時系列データにおいては，前述の確率過程の扱いを簡単にするためにいくつかの変数変換を行うことが有効である．これは，後述するデータの定常性に大きく関わってくる．単純な変換系列としては (1) 対数系列，(2) 差分系列，(3) 対数差分系列の 3 つの方法が考えられる．原系列データ y_t に対するそれぞれの変換式と特徴を以下に示す．

- **対数系列**：$z_n = \log y_t$

  対数系列を用いると分散を一様に近づけることができ，誤差分布がほぼ正規分布とみなせる場合がある．これによりばらつきの大きな原系列データを定常性の仮定を満たしたデータに変換することができる．また，y_t が $(0, 1)$ 上の値をとる場合には $z_t = \log(y_t/(1 - y_t))$ によって $(-\infty, \infty)$ 上の値をとる系列に変換できる．これにより，分布の歪みが少なくなり，モデリングが容易になることがある．

- **差分系列**（階差系列）：$z_t = \Delta y_t = y_t - y_{t-1}$

  株価データのように原系列が顕著なトレンドを含む場合には，差分系列が有効であることが多い．これは差分をとることでトレンドを消すことができるからである．特に後述する単位根過程に従うデータの差分系列は定常過程となる．

- **対数差分系列**：$\log y_t - \log y_{t-1}$

  時系列データの変化率（成長率）に興味がある場合に用いられることが多い．

1.9.3　欠測データ

データ分析を行う際にデータが必ず得られるとは限らず，観測できない場合もある．欠測が発生した場合の処理の方法を知ることはデータ分析を学ぶ上では非常に重要である．ここで

は，時系列データにおける欠測値の処理の方法を紹介する．

欠測データ補間の必要性

　一般に時系列データというとき，時間（空間）軸上で等間隔にデータが記録されていることが前提となっている．特に後述する ARIMA モデルなどの自己回帰型の手法では，データに欠測があった場合に最尤推定（2.1.2 項参照）ができない．また，時系列解析の諸手法はデータが時間軸上で等間隔にとられていることを仮定している．しかし，実際にはデータが等間隔にとられていないことや，データが欠測して部分的に等間隔ではなくなっていることがある．時系列データ以外のデータであれば，欠測となったケースを除外する場合もあるが，時系列データで安易に除外してしまうと等間隔性の仮定が壊れ，時系列プロットを作成してもそこからパターンが読み取れなくなる．そこでデータに欠損がある場合には，まず前処理として欠測箇所のデータを適切な値で埋め，データが時間軸上で等間隔になるようにする必要がある．

欠測データの補間

　欠測データを補間するためには欠測部分のデータが空いたままのグラフをみて，欠測を埋めるオプションを選ぶことになる．具体的な欠測値補間の方法として，以下の方法が使われている．

- 1 時点前の値による補間
- 線形補間
- 両側 N 個のデータの平均値による補間
- 両側 N 個のデータのメジアン（中央値）による補間
- スプライン関数による補間

スプライン関数による補間はデータの測定が不定期である場合に用いられることが多い．

1.9.4　統計的仮説検定

　例えば，データが従う分布は正規分布であるという前提をおいて計算した場合を考える．この前提をおいて計算した場合，得られた結果の妥当性はデータがあらかじめ設定した前提条件を満たしているか否かに大きく依存する．通常，データの解析を始めるにあたり，対象のデータが前提を満たしているかを確認する必要がある．本項では，データの前提確認において客観的な判断を下す手法である**統計的仮説検定** (statistical hypothesis testing) について説明する．統計的仮説検定とは，同時に起こることのない（互いに背反な）2 つの仮説（**帰無仮説** (null hypothesis) と**対立仮説** (alternative hypothesis)）を立て，データにもとづいてどちらの仮説を受容するかを判断する方法である．統計的仮説検定では次の 2 種類の誤りが起こりうる．

22   1.9 時系列データの基本統計量と前処理

- **第一種過誤** (type I error, α error)：帰無仮説が正しいにもかかわらず，帰無仮説を棄却する誤り．

- **第二種過誤** (type II error, β error)：帰無仮説が正しくないにもかかわらず，帰無仮説を受容する誤り．

この第一種過誤の確率に対する水準を**有意水準** (significance level) と呼ぶ．統計ソフトウェアに備わっている統計的仮説検定の多くは，帰無仮説の受容／棄却の判断をしない代わりに第一種過誤の確率である **p 値** (p-value) を出力する．ある有意水準で統計的仮説検定を行うには，p 値と有意水準の大小を比較する．p 値が有意水準より小さければ，帰無仮説を棄却し対立仮説を受容すればよい．ここでは，**Shapiro-Wilk 検定** (Shapiro-Wilk test) を用いてデータが正規分布に従っているか否かを検定（正規性の検定）する例について説明する．当該検定における帰無仮説は「対象データが正規分布に従う」である．

1.5 節で使用した USD の為替データを使用して説明する．以下で，階差をとらない前はトレンドを含んでいるため，正規分布にはならず，1 次階差をとった場合は正規分布に近くなることを示す．有意水準は 5% とする．まず，次のコマンドでヒストグラムを表示しデータ形状を確認する．

```python
# 原系列のヒストグラムの表示（図 1.18 参照）
df_historical.USD.plot.hist()


# 1 次階差
# 階差をとることで値が欠損する行が生じるため，dropna() でその行を削除する
df_diff1 = df_historical.USD.diff().dropna()
# 1 次階差系列のヒストグラムの表示（図 1.19 参照）
df_diff1.plot.hist()
```

図 1.18 と 1.19 を比較すると，1 次階差系列は正規分布に近く，原系列は正規分布とはいえない形状をしていることがわかる．次に Shapiro-Wilk 検定を行い，客観的に正規分布に近いかどうかの検定を行う．

```python
import scipy.stats as stats


# 原系列の Shapiro-Wilk 検定
print(stats.shapiro(df_historical.USD.values))
# 1 次階差系列の Shapiro-Wilk 検定
print(stats.shapiro(df_diff1.values))
```

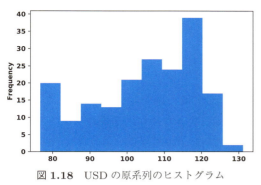
図 1.18 USD の原系列のヒストグラム

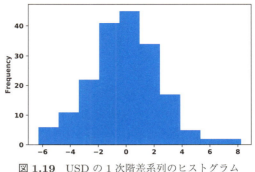
図 1.19 USD の 1 次階差系列のヒストグラム

出力結果は以下のように（W 統計量[5]，p 値）で表示される．

```
(0.934313952922821, 1.8149512470699847e-07)
(0.9905315041542053, 0.26227065920829773)
```

繰り返しとなるが，Shapiro-Wilk 検定の帰無仮説は「対象データが正規分布に従う」である．したがって，p 値が高ければ正規分布に従っている，ということになる．結果をみると，原系列では p 値が 5% より低く，1 次階差系列では 5% よりも高いため，前者は正規分布に従っておらず，1 次階差系列では正規分布に従っていることがわかる．

1.9.5　時間依存性の発見（自己相関の検定）

時系列データでは，観測した値と観測時点が記録されており，時系列データの分析では，各観測時点間の関係，つまり，データの並び順（前後関係）に意味を見出すことが目的のひとつといえる．時系列解析においては，このような時間的な関連を無視して単に y_t の分布（周辺分布）だけを調べても時系列の特徴は捉えられない．したがって，時系列の変動の特徴を捉えるためには y_t の分布だけではなく y_t と y_{t-k} の同時分布を見てどのような関連があるかを調べる必要がある．

時系列データの各時点間での依存関係を本書では**時間不変性**と呼ぶ．実はこれは次項で説明する定常性と呼ばれる概念であり，何を不変とするかによって弱定常性と強定常性の 2 つに分類される．この定常性の仮定の下で，基礎的な時系列モデルが構築され，それらのモデルをもとに，より複雑な非定常なモデルが構築されるのである．上で説明したような時間差を考慮した自分自身との相関関係を自己相関関係と呼び，自己相関関係をもとに計算した相関係数を自己相関係数と呼んだ（1.9.1 項参照）．なお，時間差の度合いを**ラグ** (lag) と呼び，k 時点ずらして計測した自己相関係数をラグ k の自己相関係数と呼ぶ．n 個の時系列データ

---
5)　W 統計量はデータ系列が正規分布から発生されていることを示す統計量．詳しくは http://www.itl.nist.gov/div898/handbook/prc/section2/prc213.htm を参照．

24   1.9 時系列データの基本統計量と前処理

$\{y_1, \ldots, y_n\}$ における，ラグ k の自己相関係数は以下で表される．

$$\frac{\sum_{t=k+1}^{T}(y_t - \bar{y})(y_{t-k} - \bar{y})}{\sum_{t=1}^{T}(y_t - \bar{y})^2} \tag{1.3}$$

ここで，$\bar{y} = \frac{1}{T}\sum_{t=1}^{T} y_t$ であり，平均値をラグ数によらずに n 個のデータで計算している点に注意してほしい．ラグ k と自己相関係数の推移を確認するために，横軸にラグ k をとり，縦軸に自己相関係数の値をプロットしたコレログラムと呼ばれる図を用いる．自己相関係数およびコレログラムは StatsModels を使用すれば簡単に求めることができる．

1.4 節で使用した月ごとの旅客機の乗客数データを使用して具体的に計算する．まず，月ごとの乗客数データを web 上から取得し，乗客データの列のみを抽出する．

```python
import io
import requests
import statsmodels.api as sm

# 月ごとの旅客機の乗客数データ
url = "https://www.analyticsvidhya.com/wp-content/uploads/2016/02/AirPassengers.csv"
stream = requests.get(url).content
df_content = pd.read_csv(io.StringIO(stream.decode('utf-8')))
passengers = df_content['#Passengers']
```

次に自己相関係数を計算する．

```python
# 自己相関
p_acf = sm.tsa.stattools.acf(passengers)
```

acf 関数ではデフォルトでラグは 40 まで計算するようになっている．結果は以下のとおりである．

```
array([ 1.        ,  0.94804734,  0.87557484,  0.80668116,  0.75262542,
        0.71376997,  0.6817336 ,  0.66290439,  0.65561048,  0.67094833,
        0.70271992,  0.74324019,  0.76039504,  0.71266087,  0.64634228,
        0.58592342,  0.53795519,  0.49974753,  0.46873401,  0.44987066,
        0.4416288 ,  0.45722376,  0.48248203,  0.51712699,  0.53218983,
        0.49397569,  0.43772134,  0.3876029 ,  0.34802503,  0.31498388,
        0.28849682,  0.27080187,  0.26429011,  0.27679934,  0.2985215 ,
        0.32558712,  0.3370236 ,  0.30333486,  0.25397708,  0.21065534,
        0.17217092])
```

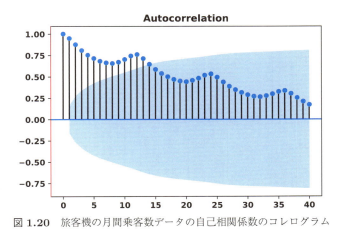

図 1.20 旅客機の月間乗客数データの自己相関係数のコレログラム

図 1.20 に示すコレログラムは次のコマンドで表示できる．plot_acf 関数は acf 関数と異なりデフォルトでラグは 40 までの表示となっていないため，ここでは acf 関数と合わせ 40 に指定する．

```
sm.graphics.tsa.plot_acf(passengers, lags=40)
```

ラグが大きくなるに従って自己相関係数の値が小さくなる傾向があり，過去に遡るほどに現在との相関関係が弱くなっていくことが確認できる．また，図中の青色の帯は 95% 信頼区間を示しており，帯の外にある値は，有意水準 5% で無相関という帰無仮説を棄却し有意である．図 1.20 ではラグ 14 の自己相関係数までは有意であり，14 ヶ月前の値とは相関関係が認められる．ただし，額面どおりに 14 ヶ月前の乗客数が当月の乗客数に関係しているとは判断できない．なぜなら，自己相関係数の計算ではラグ 1 の積み重ねによる間接的な関係が含まれているからである．ラグ 1 の自己相関関係がある場合には，

- 今月の値には先月の値が関係する
- 先月の値には先々月の値が関係する
- したがって，今月の値には先々月の値が関係する

という **推移関係** (transitive relation) が成り立つ．

推移関係を排除した，直接的な今月の値と先々月の値の関係性を調べるためには，先月の影響を除去した自己相関係数を調べる方法が必要になる．推移関係を排除した自己相関係数を偏自己相関係数と呼ぶ．**偏自己相関** (PARCOR, PACF: partial autocorrelation) の詳細については文献 [15] を参照してほしい．偏自己相関係数は pacf 関数を用いて計算できる．

1.9 時系列データの基本統計量と前処理

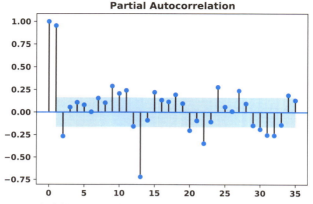

図 1.21　旅客機の月間乗客数データの偏自己相関係数のコレログラム

```
# 偏自己相関
# ols は後述する最小二乗法による推定を意味する
p_pacf = sm.tsa.stattools.pacf(passengers, lags=40, method='ols')
```

pacf 関数では acf 関数と同様にデフォルトでラグは 40 まで計算するようになっている．計算結果は以下のとおりである．

```
array([ 1.        ,  0.95893198, -0.32983096,  0.2018249 ,  0.14500798,
        0.25848232, -0.02690283,  0.20433019,  0.15607896,  0.56860841,
        0.29256358,  0.8402143 ,  0.61268285, -0.66597616, -0.38463943,
        0.0787466 , -0.02663483, -0.05805221, -0.04350748,  0.27732556,
       -0.04046447,  0.13739883,  0.3859958 ,  0.24203808, -0.04912986,
       -0.19599778, -0.15443575,  0.04484465,  0.18371541, -0.0906113 ,
       -0.06202938,  0.34827092,  0.09899499, -0.08396793,  0.36328898,
       -0.17956662,  0.15839435,  0.06376775, -0.27503705,  0.2707607 ,
        0.32002003])
```

偏自己相関係数のコレログラムを図 1.21 に示す．偏自己相関係数のコレログラムは plot_pacf 関数を使用して表示できる．例に用いているデータでは，平方根の計算の際に負の値が含まれる警告が出るため，偏自己相関係数のコレログラムではラグを 35 として表示する．

```
sm.graphics.tsa.plot_pacf(passengers, lags=35)
```

図 1.21 をみると，図 1.20 とは大きく形状が異なっていることがわかる．また，ラグ 1 で大きな正の相関があり，ラグ 13 で大きな負の相関があることもわかる．したがって，先月の乗

客数が多ければ今月の乗客数が多くなる傾向と，12ヶ月の季節周期がはっきりと現れている．なお，青色の帯は自己相関係数のコレログラムと同様に 95% 信頼区間を示している．

後述する ARIMA モデルなどの時系列モデルの残差の偏自己相関係数をみることで，季節変動をモデル化できているかなどを確認することができる．

1.9.6 定常性（時系列データの性質）

次章以降で様々な時系列モデルを紹介するのだが，その根幹にあるのが定常性という概念である．時間不変性を調べることは，いわばデータの並び順に意味を見出すことにあたる．したがって，データの並び順を考慮せず，データが独立に抽出された標本という前提条件にもとづいた手法では，時間依存の関係を調査することはできない．逆にいえば，データが時間依存性をもっていないのであれば，時系列解析でできることは非常に限られてしまう．では，時間依存を考慮して時系列データを分析するためには，どのような前提を立てるべきなのだろうか．例えば，時点 t における時系列データ y_t の期待値（平均値）を推定しようとした場合，各時点での平均が等しいという前提を置いていないため標本平均を採用することはできない．これは分散についても同様のことがいえる．また，時点を固定して繰り返しデータを観測することもできないため，この意味においても標本平均や分散を計算することはできない．

それでは，時系列データが同一の分布からの独立抽出した標本である，という仮定を置いた場合はどうだろうか．この場合，データの並び順に関係性がなくなってしまうため，時間依存関係を考えることができなくなる．そこで，時系列データが同一の分布に従うという条件をもとに，時系列データ分析に適した前提条件を考えることになる．その時系列データ解析に適した前提条件を満たす確率過程には弱定常性と強定常性の 2 つがある．それぞれ平均，分散，自己共分散の 3 つの統計量において以下の前提条件を満たす．

● **弱定常性** (weak stationarity)

$$\mathrm{E}[y_t] = \mu \qquad \text{平均が一定}$$

$$\mathrm{Var}[y_t] = \gamma_0 \qquad \text{分散が一定}$$

$$\mathrm{Cov}[y_t, y_{t-k}] = \mathrm{E}[(y_t - \mu)(y_{t-k} - \mu)] = \gamma_k \qquad \text{自己共分散はラグ } k \text{ のみに依存する}$$

● **強定常性** (strict stationarity)

任意の t と k に対して $(y_t, \ldots, y_{t+k})'$ の同時分布が同一である．ここで，$(y_t, \ldots, y_{t+k})'$ の右肩の $'$ はベクトル $\boldsymbol{y} = (y_t, \ldots, y_{t+k})$ の転置を表す．

弱定常性の定義をみると，自己共分散は時点には依存せずに時間差 k のみに依存することがわかる．また弱定常性を満たすとき，自己相関も時点に依存しなくなる．次に，強定常性の条件をみると，当該性質は同時分布が不変であることを要求している．つまり各時点の確率分

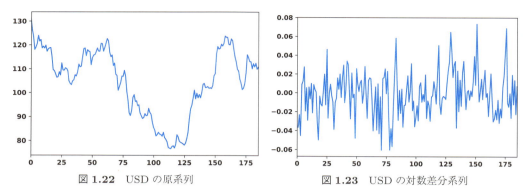

図 1.22　USD の原系列　　　　　　　　図 1.23　USD の対数差分系列

布が等しいことが条件となっていることがわかる．強定常性は弱定常性より強い概念であり，過程の分散が有限であるならば，強定常過程は弱定常過程となる[6]．本書では，定常性といった場合は弱定常性を表すことに注意してほしい．

最後に非定常性について触れておく．前述した USD の為替データのように，多くの経済・ファイナンスデータは非定常過程であることが予想される．しかし，1.9.2 項で説明した変数変換，特に差分や対数差分をとることで定常過程に近づけることができる．定常性／非定常性を確認するには，後述する ADF 検定で過程の非定常性を検定（2.7 節で説明する単位根検定）すればよい．例えば，以下に示す USD の原系列（図 1.22）では非定常過程であるといえるが，対数差分系列（図 1.23）では定常過程であると検定結果からいえる．

ここで，対数差分系列は Pandas で以下のように計算できる．

```
(1 + df_historical.USD.pct_change()).apply(np.log)
```

`pct_change()` は移動率の計算をしており，以下と同じ計算をしている．

```
df_historical.USD.div(df_historical.USD.shift(1)) - 1
```

また，定常性の仮定は，条件付き期待値や条件付き分散が時間を通じて一定であることを要求するものではないことに注意が必要である．第 2 章で述べる ARMA モデルは定常過程であるが，条件付き期待値や条件付き分散は時変的である．時系列解析においては，条件付き期待値や条件付き分散が重要であり，定常過程の枠組みでも，条件付き期待値や条件付き分散に関して非常に柔軟なモデルを構築することができる．したがって，定常性を仮定しても大きな問題になることは少ない．なお，どんなデータでも定常性が仮定できるわけでないため，どのような仮定の下で分析しているのかを明確にし，その仮定ができる限り妥当となるようにした上で，モデリングすることが重要である．

---

[6]　コーシー分布は，平均，分散は発散し存在しないため弱定常過程とならない．強定常過程であっても弱定常過程とならないものもあるので注意が必要である．

1.9.7 ホワイトノイズ

定常な時系列の中でも最も簡単で重要な系列なのが**ホワイトノイズ**（白色雑音，white noise）である．ある確率変数列 $\{\epsilon_1, \epsilon_2, \ldots, \epsilon_t\}$ がホワイトノイズであるとは，平均が 0，分散がある一定の値をとり，すべての自己共分散が 0 となっているものを指す．数式で表すと次のようになる．

$$\mathrm{E}[\epsilon_t] = 0$$

$$\mathrm{Var}[\epsilon_t] = \sigma^2$$

$$\mathrm{Cov}[\epsilon_t, \epsilon_{t-k}] = 0$$

以降，ϵ_t が分散 σ^2 のホワイトノイズであることを $\epsilon_t \sim \mathrm{W.N.}(\sigma^2)$ と表記する．ホワイトノイズはすべての時点において期待値が 0 で，かつ分散が一定であり，さらに自己相関をもたないことを必要とする．これより，ホワイトノイズが弱定常過程であることは明らかである．ホワイトノイズは様々な時系列モデルを構築する上で重要な構成要素となる．

上でホワイトノイズが弱定常過程であることを説明したが，それよりも強い仮定を置くものに**独立同分布**（iid: independent and identically distributed）系列がある．iid 系列は，各時点のデータが互いに独立でかつ同一の分布に従う系列，と定義される．iid 系列は最も基礎的な強定常過程の例であり，時系列モデルにおいて確率的変動を表現する道具として用いることができる．しかしながら，独立性や同一分布性は非常に強い仮定であり，必ずしも分析に必要となるものではない．そのため，iid よりも弱い仮定しか必要とせず，モデルの撹乱項として使用できる系列が要求される．その要求を満たすものがホワイトノイズである．

現実のデータをモデル化するためには，自己相関や条件付き分散の変動を許した，より一般的なモデルが必要となる．これについては第 2 章以降で説明する．その際，多くのモデルの確率的な変動はホワイトノイズで記述されるので，ホワイトノイズは時系列解析において非常に重要な役割を果たす．

第 2 章 | 自己回帰型モデル

　本章では確率過程論に基礎を置くモデルの中でも観測値を直接モデル化する手法について述べる．また，本章で取り扱う確率変数列と時系列データの多くは定常性を満たしていると仮定する．前章で考察した時間依存の構造では，先月と同じ値が出やすいなどの性質があった．このことは，確率変数列 $\{y_1, \ldots, y_t\}$ の要素である確率変数 y_t と y_{t-1} の間に何らかの関係性があることを意味している．本章では，このような関係性を利用したモデリングについて説明する．

2.1 パラメタ推定

　y_n を **目的変数** (objective variable)，$\{x_{n1}, \ldots, x_{nm}\}$ を **説明変数** (explanatory variable) とするとき，y_n の変動を説明変数の線形和によって表現した次のモデルを（線形）回帰モデル (regression model) と呼ぶ．

$$y_n = \sum_{i=1}^{m} a_i x_{ni} + \epsilon_n \tag{2.1}$$

　ここで，a_i は回帰係数，m は次数（説明変数の個数）である．また，y_n の変動のうち説明変数の変動によっては説明できない部分 ϵ_n は **残差** (residual) と呼ばれ，平均 0，分散 σ^2 の正規分布に従う独立な確率変数と仮定する．

　上で定義した回帰モデルおよび残差の仮定を用いて，本節では最小二乗法および最尤法について簡単に説明する．

2.1.1 最小二乗法

残差が正規分布に従うと仮定した回帰モデルや時系列モデルの多くは，**最小二乗推定量**

(OLSE: ordinary least squares estimator) が**最尤推定量** (maximum likelihood estimator) と一致したり，そのよい近似値を与える．本項では残差が正規分布に従うと仮定した回帰モデルの最小二乗法について説明する．

最小二乗法 (OLS: ordinary least squares) とは，観察値と予測値の間の二乗誤差の合計を最小化する，つまりモデルが説明できない部分を最小にする手法である．

本項では簡単のために，切片のない $m = 1$ の単回帰の場合を考える．残差 ϵ_n は式 (2.1) より以下で表される．

$$\epsilon_n = y_n - a_1 x_{n1} \tag{2.2}$$

観察値と予測値の間の二乗誤差の合計を最小化する，という目的より，最小二乗法ではこの残差を 0 に近づけることを考える．しかし，ϵ_n は正負どちらの値もとるため，単純に総和を計算するだけだと正しく評価ができない．そこで，最小二乗法は以下に示す**残差平方和** (SSR: sum of squared residuals) が最小になるように a_1 を選択する．

$$\text{SSR} = \sum_{n=1}^{N} \epsilon_n^2 = \sum_{n=1}^{N} (y_n - a_1 x_{n1})^2 \tag{2.3}$$

これを a_1 で偏微分すると，

$$\frac{\partial \text{SSR}}{\partial a_1} = -2 \sum_{n=1}^{N} x_{n1}(y_n - a_1 x_{n1}) \tag{2.4}$$

が得られる．SSR は 2 次式であるため，式 (2.4)（つまり勾配）が 0 になる点が最小値である．したがって，最小二乗推定量は次の式を解くことで得られる．

$$\sum_{n=1}^{N} x_{n1}(y_n - a_1 x_{n1}) = 0 \tag{2.5}$$

この方程式は**正規方程式** (normal equation) と呼ばれる．正規方程式を解くと，最小二乗推定量は次のように与えられる．

$$\hat{a}_i = \frac{\sum_{n=1}^{N} (y_n - \bar{y}_n)(x_{n1} - \bar{x}_{n1})}{\sum_{n=1}^{N} (x_{n1} - \bar{x}_{n1})^2} \tag{2.6}$$

ここで，$\bar{y}_n = \frac{1}{N} \sum_{n=1}^{N} y_n$，$\bar{x}_{n1} = \frac{1}{N} \sum_{n=1}^{N} x_{n1}$ である．この結果からわかるように，最小二乗推定量の計算には x_{n1} が必要である．これを時系列データに置き換えると，過去 1 時点の観測データが必ず必要になることを意味する．したがって，後述する AR(p) モデルでは，パラメタ推定に p 時点の初期値（モデルのあてはめの対象にはならないが推定値の計算に必要

なデータ）が必要となる

2.1.2 最尤法

最尤法 (method of maximum likelihood) は最小二乗法とともに確率モデルのパラメタを推定するのによく用いられる方法である．最尤法は，特に最小二乗法では推定が難しい複雑な構造をもったモデルの推定に用いられることが多い．最小二乗法ではモデルで説明できない部分が最小になるようにパラメタを推定したが，最尤法では得られた観測値をモデルが最も再現しやすくなるようにパラメタを推定する．これにより，最尤法は最小二乗法では解くことができない複雑なモデルのパラメタを推定することができる．

式 (2.1) の回帰モデルは**回帰係数** (regression coefficient)$\{a_1, \ldots, a_m\}$ および分散 σ^2 をパラメタとしてもっているので，これらをまとめて $\boldsymbol{\theta} = \{a_1, \ldots, a_m, \sigma^2\}$ と表すことにする．ここでも，前項と同じく残差が正規分布に従うことを仮定している点に留意してほしい．N 組の観測値 $\{y_n, x_{n1}, \ldots, x_{nm}\}$ $(n = 1, \ldots, N)$ が与えられたとき，回帰モデルの**尤度** (likelihood)[1] および**対数尤度** (log likelihood) は $\boldsymbol{\theta}$ の関数となる．

$$L(\boldsymbol{\theta}) = \prod_{n=1}^{N} p(y_n | \boldsymbol{\theta}, x_{n1}, \ldots, x_{nm}) \tag{2.7}$$

$$\ell(\boldsymbol{\theta}) = \sum_{n=1}^{N} \log p(y_n | \boldsymbol{\theta}, x_{n1}, \ldots, x_{nm}) \tag{2.8}$$

ここで，

$$p(y_n | \boldsymbol{\theta}, x_{n1}, \ldots, x_{nm}) = \frac{1}{\sqrt{2\pi\sigma^2}} \exp\left\{ -\frac{1}{2\sigma^2} \left(y_n - \sum_{i=1}^{m} a_i x_{ni} \right)^2 \right\} \tag{2.9}$$

$$\log p(y_n | \boldsymbol{\theta}, x_{n1}, \ldots, x_{nm}) = -\frac{1}{2} \log(2\pi\sigma^2) - \frac{1}{2\sigma^2} \left(y_n - \sum_{i=1}^{m} a_i x_{ni} \right)^2 \tag{2.10}$$

であるので，対数尤度は

$$\ell(\boldsymbol{\theta}) = -\frac{N}{2} \log(2\pi\sigma^2) - \frac{1}{2\sigma^2} \sum_{n=1}^{N} \left(y_n - \sum_{i=1}^{m} a_i x_{ni} \right)^2 \tag{2.11}$$

となる．この $\ell(\boldsymbol{\theta})$ を最大化する $\boldsymbol{\theta}$ を求めることでパラメタを推定する．これを**最尤推定** (MLE: maximum likelihood estimation) といい，求めたパラメタ値 $\hat{\boldsymbol{\theta}} = \{\hat{a}_1, \ldots, \hat{a}_m, \hat{\sigma}^2\}$ を最尤推定量という．まず，式 (2.11) を最大にする分散 $\hat{\sigma}^2$ を求めることを考える．

---

1) 尤度は簡単にいうとパラメタを指定したときに，目的変数となっているデータを再現できる度合いである．したがって，尤度を最大化することでデータの再現度が高いパラメタを推定できる．

$$\frac{\partial \ell(\boldsymbol{\theta})}{\partial \sigma^2} = -\frac{N}{2\sigma^2} + \frac{1}{2(\sigma^2)^2}\sum_{n=1}^{N}\left(y_n - \sum_{i=1}^{m}a_i x_{ni}\right)^2 = 0 \tag{2.12}$$

を解くと

$$\hat{\sigma}^2 = \frac{1}{N}\sum_{n=1}^{N}\left(y_n - \sum_{i=1}^{m}a_i x_{ni}\right)^2 \tag{2.13}$$

となり，$\hat{\sigma}^2$ を求めることができる．次にこれを式 (2.11) に代入し，対数尤度を回帰係数 $\{a_1, \ldots, a_m\}$ だけの関数に変形して整理する．

$$\ell(a_1, \ldots, a_m) = -\frac{N}{2}\log(2\pi\hat{\sigma}^2) - \frac{N}{2} \tag{2.14}$$

対数関数は単調増加関数であるため，式 (2.14) を最大化する回帰係数 $\{a_1, \ldots, a_m\}$ を求めるには式 (2.13) の分散 $\hat{\sigma}^2$ を最小とすればよいことがわかる．これは，原系列と推定値との差の二乗値をコンスタントに小さくするモデルを最尤推定では良しとしていることを意味している．

なお，回帰係数 $\{a_1, \ldots, a_m\}$ を求めるには，$\hat{\sigma}^2$ を求めたときと同様に式 (2.11) を各 $a_i (i = 1, \ldots, m)$ で偏微分したものを 0 と置いて計算を解けばよい．ただし，簡単に解析解を得ることが難しい場合があるため，実際には数理最適化手法を用いて尤度を最大にするパラメタを計算する場合が多い．

2.2 AR モデル

　ある時点の出力が過去の出力の線形結合として得られる場合，これを表すモデルを**自己回帰モデル** (AR model: autoregressive model) と呼ぶ．したがって，AR モデルはある一定値の周りで一定のパターンを繰り返すデータをモデリングするのに向いているといえる．本節では，AR モデルの概要説明と StatsModels を用いた計算例を提示する．

2.2.1 手法概要
　ある時点 t の観測値 y_t について確率変数を用いて次のように定式化できる．

$$y_t = c + \phi_1 y_{t-1} + \epsilon_t, \quad \epsilon_t \sim \text{W.N.}(\sigma^2) \tag{2.15}$$

　式 (2.15) は，1 時点前の自分自身を説明変数とした（単）回帰モデルと考えることができるため，AR モデルと呼ばれる．なお，AR モデルでは考慮するラグ数を次数と呼ぶ．式

(2.15) では被説明変数と説明変数はラグ 1 の関係であるため，1 次の AR モデルと呼び AR(1) モデルと表記する．式 (2.15) をみると，y_t と y_{t-1} が相関をもつことがわかるだろう．以下では，AR(1) 過程の性質を詳しく見ていく．

切片 c と自己回帰係数 ϕ_1 が既知の場合には y_{t-1} も過去の情報であるために，y_t に新たな情報を与える要素は ϵ_t だけになる．なお，ϵ_t はホワイトノイズを仮定しており自己相関がなく，過去時点の $\epsilon_{t-1}, \epsilon_{t-2}, \epsilon_{t-3}, \ldots$ は ϵ_t に影響を与えない．したがって，AR(1) モデルにおける y_t の構成要素は以下に分けることができる．

- 過去の情報をもとに確定的に定まる部分：$c + \phi_1 y_{t-1}$
- 過去の情報とは無関係に確率的に新たな情報を与える部分：ϵ_t

AR(1) モデルはラグ 1 の関係のみを表しているが，前述した自己相関係数と同様に，間接的に過去の情報の影響を受ける．この影響度合いを決めるのが ϕ_1 であり，過程の定常性や自己相関の強さなどを決めるパラメタとなる．ここで AR(1) モデルにおいて，現在時点 t から p 時点遡った y_{t-p} と y_t の関係性を考える．

$$
\begin{aligned}
y_t &= c + \phi_1 y_{t-1} + \epsilon_t \\
&= (1 + \phi_1)c + \phi_1^2 y_{t-2} + \epsilon_t + \phi_1 \epsilon_{t-1} \\
&\quad \vdots \\
&= \left(\sum_{k=0}^{p-1} \phi_1^k \right) c + \phi_1^p y_{t-p} + \sum_{k=0}^{p-1} \phi_1^k \epsilon_{t-k}
\end{aligned}
$$

となり，y_t は p 時点前のデータ y_{t-p} に ϕ_1^p を乗じた影響を受けていることがわかる．なお，AR(1) モデルに従う確率変数列が定常性を満たすための条件は $|\phi_1| < 1$ で与えられる．$|\phi_1| \geq 1$ の場合は単位根過程（2.7 節参照）や値が増加〔減少〕し続ける爆発的な過程となり，定常過程とは大きく異なった形状となる．加えて，ϕ_1 が負の場合は出力値が反転することも容易に理解できる．

また AR(1) モデルの平均 $\mathrm{E}[y_t]$，分散 $\mathrm{Var}[y_t]$，自己共分散 γ_k，自己相関係数 ρ_k は式 (2.15) から求めることができ，それぞれ以下になる．

$$
\mathrm{E}[y_t] = \frac{1}{1 - \phi_1} c
$$

$$
\mathrm{Var}[y_t] = \frac{\sigma^2}{1 - \phi_1^2}
$$

$$
\gamma_k = \phi_1^k \gamma_0
$$

$$
\rho_k = \phi_1^k
$$

ここで，σ^2 は ϵ_t の分散である．ここまで AR(1) モデルにおける確率変数列 y_t の性質について述べてきた．次に AR(1) モデルを時系列データにフィットさせる方法について説明する．

式 (2.15) において推定すべきモデルのパラメタは，自己回帰係数 ϕ_1，切片 c，**撹乱項** ϵ_t の分散 σ^2 である．未知パラメタの推定には前述の最小二乗法を用いることができる．この場合，自己回帰モデルを単回帰モデルと見立てて未知パラメタの推定を行う．この手法は最小二乗法を用いているため OLS 法と呼ばれる．前述の標本平均，標本自己共分散などを使用して解く方法を説明する．

ラグ 1 の自己相関係数は $\rho_1 = \phi_1$ であることから，$\phi_1 = \gamma_1/\gamma_0$ となる．したがって，自己回帰係数の推定値は以下で求めることができる．

$$\hat{\phi}_1 = \frac{\hat{\gamma}_1}{\hat{\gamma}_0} = \frac{\sum_{t=2}^{T} \left\{ \left(y_t - \frac{1}{T} \sum_{t=1}^{T} y_t \right) \left(y_{t-1} - \frac{1}{T} \sum_{t=1}^{T} y_t \right) \right\}}{\sum_{t=1}^{T} \left(y_t - \frac{1}{T} \sum_{t=1}^{T} y_t \right)^2}$$

次に切片 c の推定値は，$\mathrm{E}[y_t] = c/(1-\phi_1)$ であることから，自己回帰係数の推定値 $\hat{\phi}_1$ を利用すれば，$\hat{c} = (1-\hat{\phi}_1) \times \frac{1}{T} \sum_{t=1}^{T} y_t$ で計算できる．なお，撹乱項 ϵ_t の分散 σ^2 については，$\gamma_0 = \sigma^2/(1-\phi_1^2)$ を利用して，$\hat{\sigma}^2 = (1-\hat{\phi}_1^2)\hat{\gamma}_0$ として求めることができる．

以下に一般化した AR(p) モデルの性質をまとめておく．式 (2.15) を p 次のモデルに書き直すと，

$$y_t = c + \sum_{i=1}^{p} \phi_i y_{t-i} + \epsilon_t, \quad \epsilon_t \sim \mathrm{W.N.}(\sigma^2) \tag{2.16}$$

となる．性質は以下となる．

1. $\mu = \mathrm{E}[y_t] = \dfrac{c}{1 - \sum_{i=1}^{p} \phi_i}$ (2.17)

2. $\gamma_0 = \mathrm{Var}[y_t] = \dfrac{\sigma^2}{1 - \sum_{i=1}^{p} \phi_i \rho_i}$

3. 自己共分散と自己相関は y_t が従う AR 過程と同一の係数をもつ以下の p 次差分方程式に従う

$$\gamma_k = \sum_{i=1}^{p} \phi_i \gamma_{k-i}, \quad k \geq 1 \tag{2.18}$$

$$\rho_k = \sum_{i=1}^{p} \phi_i \rho_{k-i}, \quad k \geq 1 \tag{2.19}$$

4. AR 過程の自己相関は次数に関して指数的に減衰する

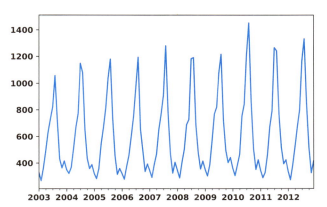

図 2.1 （再掲）2003 年から 2012 年における月ごとのアイスクリームの家庭平均消費額のプロット

ここで，式 (2.18)，(2.19) は**ユール・ウォーカー方程式** (Yule-Walker equation) と呼ばれる．上の性質で重要なのは，自己相関に関するものである．AR 過程の自己相関はユール・ウォーカー方程式 (2.18)，(2.19) を用いて求めることができることと，自己相関が指数的に減衰していくことである．また，AR(p) 過程の自己相関は最大 $p/2$ 個の循環成分をもつことができることが知られている．これは，以下に示す AR(p) 過程の**特性方程式** (characteristic polynomial) から導くことができる．

$$1 - \sum_{i=1}^{p} \phi_i z^i = 0$$

特性方程式は $zy_t = y_{t-1}$ なる**ラグ演算子** (lag operator) z を導入し，式 (2.16) において $p = 0$ で $y_t = \epsilon_t$ であることを考えると導出できる．経済・ファイナンスデータなどは循環的な変動を示す傾向があるので，AR 過程がこのような循環的な自己相関を記述できることは非常に魅力的である．

2.2.2 StatsModels による例

ここでは，1.6 節で使用した 2003 年から 2012 年における月ごとのアイスクリームの家庭平均消費額データを用いる．グラフは第 1 章で示したが念のため図 **2.1** に再掲する．データ読み出しおよびグラフの表示は以下で行える．

```
# CSV ファイルからデータの読み出し
df_ice = pd.read_csv('{path_to_csv}/icecream.csv')
# 月ごとの家庭平均消費額のみを抽出し，
# インデックスを 2003 年 1 月からの月ごとにする
```

38   2.2 AR モデル

```python
y = pd.Series(df_ice.expenditure_yen.values,
              index=pd.date_range('2003-1', periods=len(df_ice), freq='M'))
# 消費額データのグラフを出力
y.plot()
```

　上述したように AR モデルは定常過程にしか適用できないため，アイスクリームの消費額データが定常過程であるかどうかを調べる必要がある．定常過程であるかの確認（正確には単位根過程であるかどうかの検定[2]）は，後述する **ADF 検定** (augmented Dickey-Fuller test) により行える．本項では前半 100 時点のデータを使用してモデルを構築し，後半の 20 時点を予測の検証データとする．まず，前半 100 時点のデータに対して ADF 検定を実施する．StatsModels にはツールが用意されているため，以下のように簡単に確認できる．

```python
from statsmodels.tsa import stattools

# トレンド項あり（2 次まで），定数項ありの場合
ctt = stattools.adfuller(y[:100], regression="ctt")
# トレンド項あり（1 次），定数項ありの場合
ct = stattools.adfuller(y[:100], regression="ct")
# トレンド項なし，定数項ありの場合
c = stattools.adfuller(y[:100], regression="c")
# トレンド項なし，定数項なしの場合
nc = stattools.adfuller(y[:100], regression="nc")
print('ctt:')
print(ctt)
print('ct:')
print(ct)
print('c:')
print(c)
print('nc:')
print(nc)
```

```
ctt:
(-3.3089558508821817, 0.16922448619687336, 11, 88, {'1%': -4.507929662788786,
 '5%': -3.9012866601709244, '10%': -3.595623127758734}, 993.4892589484145)
ct:
```

---

　2)　単位根過程および単位根検定については，2.7 節で説明している．ここでは定常および非定常について理解していれば読み進めることができるが，単位根の概要を知りたい場合は先に 2.7 節を読んでほしい．

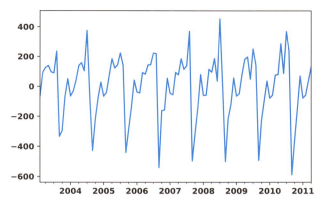

図 2.2 アイスクリームの家庭平均消費額の 1 次階差系列のプロット

```
(-1.7145601999710622, 0.7444294601457626, 11, 88, {'1%': -4.065513968057382,
 '5%': -3.4616143302732905, '10%': -3.156971502864388}, 1002.5847722693204)
c:
(-0.6539247687694242, 0.8583259363632654, 11, 88, {'1%': -3.506944401824286,
 '5%': -2.894989819214876, '10%': -2.584614550619835}, 1003.5884336394024)
nc:
(1.631094917975908, 0.9751761218376866, 11, 88, {'1%': -2.5916151807851238,
 '5%': -1.944440985689801, '10%': -1.614115063626972}, 1002.1878264328063)
```

それぞれのタプル内の 2 番目の要素が検定の p 値である．4 つのパターンの p 値はすべて高く，単位根過程であるという仮説を棄却できない．したがって，アイスクリームの消費額データは定常過程ではない．そこで AR モデルで使用できるように，以下のように 1 次階差をとり定常過程に変換する．1 次階差系列を図 2.2 に示す．

```
y_diff = y.diff()[:100].dropna()
y_diff.plot()
```

再度，単位根検定を行い，定常過程であるかどうかを確認する．

```
ctt = stattools.adfuller(y_diff, regression="ctt")
ct = stattools.adfuller(y_diff, regression="ct")
c = stattools.adfuller(y_diff, regression="c")
nc = stattools.adfuller(y_diff, regression="nc")
print('ctt:')
print(ctt)
print('ct:')
```

```
print(ct)
print('c:')
print(c)
print('nc:')
print(nc)
```

結果は以下となる. すべてのパターンで p 値は 0.05 を切っており定常過程であることがわかる.

```
ctt:
(-20.49413879057402, 0.0, 10, 88, {'1%': -4.507929662788786,
 '5%': -3.9012866601709244, '10%': -3.595623127758734}, 994.1683226214957)
ct:
(-20.51282538674092, 0.0, 10, 88, {'1%': -4.065513968057382,
 '5%': -3.4616143302732905, '10%': -3.156971502864388}, 992.6851493902558)
c:
(-20.635999245555666, 0.0, 10, 88, {'1%': -3.506944401824286,
 '5%': -2.894989819214876, '10%': -2.584614550619835}, 990.9785010415187)
nc:
(-20.337724459102393, 0.0, 10, 88, {'1%': -2.5916151807851238,
 '5%': -1.944440985689801, '10%': -1.614115063626972}, 991.6754513068397)
```

1 次階差系列が定常過程であることを確認できたので, 1 次階差系列を使って AR モデルを構築する. StatsModels を使うと次のように非常に簡単に構築できる.

```
from statsmodels.tsa import ar_model

model = ar_model.AR(y_diff)
```

次にラグの次数を**赤池情報量規準** (AIC: Akaike information criterion) によって決定する. 例を示す前に, 簡単に AIC および情報量規準について説明する. 情報量規準は最尤法の推定結果をもとに最適なモデルを選択する客観的な基準である. この情報量規準が最小になるモデルが最適なモデルとなり, AIC は以下で表される.

$$\mathrm{AIC} = -2\ell(\hat{\theta}) + 2k$$

ここで, $\ell(\hat{\theta})$ は対数尤度, k は推定するパラメタ数である. 第 1 項はモデルのあてはまりのよさを表し, 第 2 項はモデルが複雑になることに対するペナルティを表す. 情報量規準は, 第 2 項のペナルティの違いによって複数の種類が存在する. AIC の他では, **ベイズ情報量規準**

(BIC: Bayesian information criterion) がよく用いられる．AIC では標本数（時系列データでは時点）T が大きくなると，必要以上に複雑なモデルを過大評価する可能性がでてくる．一方 BIC はそういったことが起きない．しかし，AIC で過大評価されたモデルを選択することは実用上それほど大きな問題とはならないため，AIC を使用することも多い．情報量規準の詳細については文献 [13] を参照してほしい．

本書では AIC を用いてモデル選択をしていく．本題に戻って StatsModels の AR モデルの AIC の計算方法を示す．

```
for i in range(20):
    results = model.fit(maxlag=i+1)
    print('lag = ', i+1, 'aic : ', results.aic)
```

```
lag =   1 aic :   10.6233498351
lag =   2 aic :   10.6056258871
lag =   3 aic :   10.6317943655
lag =   4 aic :   10.6539688196
lag =   5 aic :   10.6390204948
lag =   6 aic :   10.4978050792
lag =   7 aic :   10.5016455608
lag =   8 aic :   10.3474184127
lag =   9 aic :   10.1457731367
lag =  10 aic :    9.54739319159
lag =  11 aic :    8.68849435259
lag =  12 aic :    8.72616870645
lag =  13 aic :    8.74908045827
lag =  14 aic :    8.73746371677
lag =  15 aic :    8.82218108808
lag =  16 aic :    8.85161964648
lag =  17 aic :    8.90071066798
lag =  18 aic :    8.71273917675
lag =  19 aic :    8.74636247304
lag =  20 aic :    8.76645054527
```

上の結果から，ラグ 11 で最も AIC が低いため，11 時点前までのデータとの相関が強いことがわかる．したがって，AR(11) モデルを構築する．StatsModels の **ar_model.AR** では **ic** 引数に'**aic**' を指定しておくと，**maxlag** までの次数の中で AIC が最も小さい次数を自動で選択してくれる．以下では **maxlag=12** とし，AR(0) から AR(12) までの 13 個のモデルを比較している．

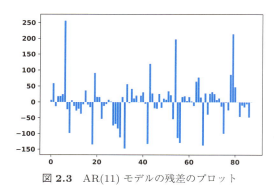
図 2.3 AR(11) モデルの残差のプロット

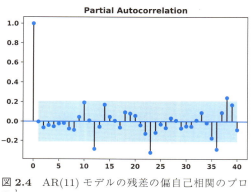
図 2.4 AR(11) モデルの残差の偏自己相関のプロット

```
# モデルのあてはめ
results11 = model.fit(maxlag=12, ic='aic')
```

ここでは念のため AIC をもとに選択されたラグの次数を調べておく.

```
results11.k_ar
```

```
11
```

AR(11) モデルが構築されていることがわかる. 次に, モデルのあてはめの良さを残差をみることで確認する (図 2.3 参照).

```
# 残差
res11 = results11.resid
# 残差の出力
plt.bar(range(len(res11)), res11)
```

AR(11) モデルの残差の偏自己相関を次で確認する (図 2.4 参照).

```
from statsmodels.graphics import tsaplots

tsaplots.plot_pacf(res11, lags=40)
```

ラグ 12 の偏自己相関は有意に残っており, AR(11) モデルが 1 次階差系列にある 12 ヶ月の循環成分を十分に表現できていないことがわかる. 以下のコマンドで表示した長期予測の結果を図 2.5 に示す.

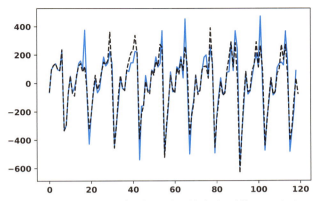

図 2.5 AR(11) モデルによる予測結果（実線：1 次階差系列，破線：AR(11) モデルによる予測）

```
# 原系列の表示
plt.plot(y.diff().dropna().values, label="observation")
# 1 時点から 11 時点の原系列，モデルのあてはめに使用したデータ，
# AR(11) モデルによる推定値を連結した結果の表示
plt.plot(np.hstack([y_diff[:11],
                    results11.fittedvalues,
                    results11.predict(98-11, 107, dynamic=True)]),
    '--', label="forecast")
```

長期予測の表示の際に y_diff の最初の 11 時点については原系列のデータを使用している．これは，AR(p) モデルの式からわかるように，y_t を推定する際に $\{t-1, \ldots, t-p\}$ の p 時点の過去データが必要となるためである．また，statsmodels.tsa.ar_model.AR ではモデルのあてはめの際に**条件付き最大尤度** (conditional maximum likelihood) をデフォルトで使用しているため過去 p 時点のデータが必要となる．method='mle' を fit 関数の引数で与え，**無条件最大尤度** (unconditional (exact) maximum likelihood) を指定した場合はこの限りではない．条件付き最大尤度と無条件最大尤度について簡単に説明しておく．

以下のような線形モデルがあったとする．なお，ここでは時系列モデルを線形モデルと考えてパラメタ推定していることに注意してほしい．また，条件であることをわかりやすくするために過去の観測データを x と表記する．

$$y_t = \sum_{i=1}^{p} \phi_i x_{t-i} + \epsilon_t, \quad \epsilon_t \sim \mathrm{W.N.}(\sigma^2)$$

これより，条件付き期待値は $\mathrm{E}[y_t|\boldsymbol{x}] = \sum_{i=1}^{p} \phi_i x_{t-i}$，無条件期待値は $\mathrm{E}[y] = \mu = \frac{1}{T}\sum_{i=1}^{T} y_i$

で表現される．ここからわかるように，条件付き期待値を求めるためには過去 p 時点のデータが必要となる．StatsModels の AR モデルのあてはめで採用されている OLS による条件付き最大尤度の計算では，この条件付き期待値を用いているため，少なくとも p 時点のデータが必要となる．したがって，最初の p 時点のあてはまりはパラメタとしては考慮できない．ちなみに，OLS を用いた尤度は以下で表される．

$$
\text{無条件}: L(\mu, \sigma^2) = -\frac{T}{2}(2\pi\sigma^2) - \frac{1}{2}\sum_{t=1}^{T}\frac{(y_t - \mu)^2}{\sigma^2}
$$

$$
\text{条件付き}: L(\beta, \sigma^2) = -\frac{T}{2}(2\pi\sigma^2) - \frac{1}{2}\sum_{t=1}^{T}\frac{(y_t - \sum_{i=1}^{p}\phi_i x_{t-i})^2}{\sigma^2}
$$

2.3 MA モデル

　ある時点の出力が過去および現在のホワイトノイズの線形和で表される場合，これを**移動平均モデル** (MA model: moving average model) と呼ぶ．したがって，MA モデルは AR モデルとは異なりある一定の値の周りをランダムに動くモデルとなる．本節では，MA モデルの概要説明のみ行う．

2.3.1 手法概要

　1 次の MA 過程（MA(1) 過程）を数式で表すと以下になる．

$$
y_t = \mu + \epsilon_t + \theta_1 \epsilon_{t-1}, \quad \epsilon_t \sim \text{W.N.}(\sigma^2) \tag{2.20}
$$

式 (2.20) をみると，y_t のモデルと y_{t-1} のモデルが ϵ_{t-1} という共通項をもつので，y_t と y_{t-1} の間に相関が生じる．つまり MA(1) モデルは 1 次の自己相関をもつモデルとなっている．また，式 (2.20) をみると θ_1 が 1 次自己相関の強さを決めていることもわかる．θ_1 が大きければ 1 次の自己相関が大きくなるためグラフは滑らかになり，θ_1 が負の場合は AR モデルと同様に出力値が反転する．加えて，ホワイトノイズの期待値は時点によらず 0 という性質から，系列が μ の周りを変動することも容易に想像がつく．したがって，MA(1) 過程の期待値は μ であることが想像されるが，以下のように確認できる．

$$\mathrm{E}[y_t] = \mathrm{E}[\mu + \epsilon_t + \theta_1 \epsilon_{t-1}]$$
$$= \mathrm{E}[\mu] + \mathrm{E}[\epsilon_t] + \mathrm{E}[\theta_1 \epsilon_{t-1}]$$
$$= \mu$$

最後の等号はホワイトノイズの期待値が 0 であるという性質より成り立つ.

　また MA(1) 過程では，撹乱項の分散よりも系列の分散が大きくなる，という性質がある．この性質は以下のように確認できる.

$$\gamma_0 = \mathrm{Var}[y_t]$$
$$= \mathrm{Var}[\mu + \epsilon_t + \theta_1 \epsilon_{t-1}]$$
$$= \mathrm{Var}[\epsilon_t] + \theta_1^2 \mathrm{Var}[\epsilon_{t-1}] + 2\theta_1 \mathrm{Cov}[\epsilon_t, \epsilon_{t-1}]$$
$$= (1 + \theta_1^2)\sigma^2$$

最後の等号はホワイトノイズの自己共分散は 0，時点によらず分散は一定という性質より成り立つ．したがって，MA(1) 過程の分散は $\theta_1^2 \sigma^2$ の分だけ，撹乱項の分散よりも大きくなる.

　次に，MA(1) 過程の自己共分散および自己相関を計算する．1 次自己共分散はホワイトノイズの性質を利用して次式で表現できる.

$$\gamma_1 = \mathrm{Cov}[y_t, y_{t-1}]$$
$$= \mathrm{Cov}[\mu + \epsilon_t + \theta_1 \epsilon_{t-1}, \mu + \epsilon_{t-1} + \theta_1 \epsilon_{t-2}]$$
$$= \mathrm{Cov}[\epsilon_t, \epsilon_{t-1}] + \mathrm{Cov}[\epsilon_t, \theta_1 \epsilon_{t-2}] + \mathrm{Cov}[\theta_1 \epsilon_{t-1}, \epsilon_{t-1}] + \mathrm{Cov}[\theta_1 \epsilon_{t-1}, \theta_1 \epsilon_{t-2}]$$
$$= \theta_1 \mathrm{Cov}[\epsilon_{t-1}, \epsilon_{t-1}]$$
$$= \theta_1 \sigma^2$$

　したがって，MA(1) 過程の 1 次自己相関は，

$$\rho_1 = \frac{\gamma_1}{\gamma_0} = \frac{\theta_1}{1 + \theta_1^2} \tag{2.21}$$

となる．この式から $\theta_1 = \pm 1$ のときに，MA(1) 過程の自己相関の絶対値が最大値 1/2 をとることがわかる．つまり，MA(1) 過程では 1 次自己相関の絶対値が 1/2 より大きな過程はモデル化できないことを意味する．さらに，MA(1) 過程の自己共分散の性質についてみていく．1 次自己共分散の計算と同様に，2 次以降の自己共分散を計算する．$k \geq 2$ とすると，

$$\gamma_k = \mathrm{Cov}[y_t, y_{t-k}]$$
$$= \mathrm{Cov}[\mu + \epsilon_t + \theta_1 \epsilon_{t-1}, \mu + \epsilon_{t-k} + \theta_1 \epsilon_{t-k}]$$
$$= 0$$

この結果は，MA(1) 過程の 2 次以降の自己相関が 0 になることを意味している．逆にいえば，MA(1) 過程は 1 次自己相関をモデル化することはできるが，2 次以降の自己相関を記述することはできない．

MA(1) 過程を一般化することは容易であり，一般的に q 次移動平均過程（MA(q) 過程）は次で定義される．

$$y_t = \mu + \epsilon_t + \sum_{i=1}^{q} \theta_i \epsilon_{t-i}, \quad \epsilon_t \sim \mathrm{W.N.}(\sigma^2) \tag{2.22}$$

MA(q) 過程の性質は以下のようにまとめることができる．

1. $\mathrm{E}[y_t] = \mu$
2. $\gamma_0 = \mathrm{Var}[y_t] = (1 + \sum_{i=1}^{q} \theta_i^2)\sigma^2$
3. $\gamma_k = \begin{cases} (\theta_k + \theta_1\theta_{k+1} + \cdots + \theta_{q-k}\theta_q)\sigma^2, & 1 \leq k \leq q \\ 0, & k \geq q+1 \end{cases}$
4. MA 過程は常に定常
5. $\rho_k = \begin{cases} \dfrac{\theta_k + \theta_1\theta_{k+1} + \cdots + \theta_{q-k}\theta_q}{1 + \theta_1^2 + \theta_2^2 + \cdots + \theta_q^2}, & 1 \leq k \leq q \\ 0, & k \geq q+1 \end{cases}$

これらの性質のうち重要なのは，MA 過程は常に定常であることと，MA(q) 過程の $q+1$ 次以降の自己相関が 0 になることである．上で見たように，MA(q) 過程の $q+1$ 次以降の自己相関は 0 となる．言い換えれば，q 次の自己相関をモデル化するためには q 個のパラメタが必要となる．したがって，長期間にわたる自己相関をモデル化するためには多くのパラメタが必要となる．また，MA(q) 過程は観測できないホワイトノイズの線形和で表されるため，モデルの解釈が難しいという問題もあげられる．加えて，同様の理由により，モデルの推定や予測が複雑になるという問題もある．

MA モデルは次節で説明する ARMA モデルでラグを 0 にすることで得られるため，コード例は省略する．

2.4 ARMA モデル

自己回帰移動平均モデル (ARMA model: autoregressive moving average model) は AR モデルと MA モデルの両者の性質を含んだモデルであり，AR モデルに残差の移動平均を加えたモデルである．ARMA モデルで扱う時系列は確定的でも確率的でもよいが，特に入力 ϵ_t がホワイトノイズであるとき，ARMA モデルの出力は自己回帰移動平均 (ARMA) 過程と呼ばれる．

2.4.1 手法概要

ARMA 過程は自己回帰項と移動平均項を含んだ過程である．(p, q) 次 ARMA 過程（ARMA(p, q) 過程）は次のように定義できる．

$$y_t = c + \sum_{i=1}^{p} \phi_i y_{t-i} + \epsilon_t - \sum_{i=1}^{q} \theta_i \epsilon_{t-i}, \quad \epsilon_t \sim \text{W.N.}(\sigma^2) \tag{2.23}$$

ここで，p と ϕ_i はそれぞれ自己回帰の次数および自己回帰係数であり，q と θ_i は移動平均の次数および移動平均係数である．ARMA(p, q) 過程は，AR 過程と MA 過程の性質を併せもっており，両過程の性質のうち強いほうが ARMA 過程の性質として現れる．例えば，定常性を考えると，MA 過程は常に定常であるが，AR 過程は定常になるとは限らない．この場合，AR 過程の性質が ARMA 過程の性質として現れ，ARMA 過程は定常になるとは限らない．逆に AR 過程と同一の係数をもつ差分方程式が安定的になる場合に AR 過程は定常となり，ARMA 過程は定常となる．AR 過程の定常条件は AR 特性方程式で確認することができ，AR 過程を MA 過程で書き直すことができれば AR 過程は定常であるということもいえる．

次に，ARMA(p, q) 過程の性質を示す．なお，この性質は ARMA(p, q) 過程が定常であることを前提とする．

1. ARMA モデルの期待値は AR モデルにおける期待値と等しくなる（ホワイトノイズの期待値が 0 であるため）.

$$\mu = E[y_t] = \frac{c}{1 - \sum_{i=1}^{p} \phi_i}$$

2. $q + 1$ 次以降の自己共分散 γ_k と自己相関 ρ_k は y_t が従う ARMA 過程の AR 部分と同一の係数をもつ以下の p 次差分方程式（ユール・ウォーカー方程式）に従う.

$$\gamma_k = \sum_{i=1}^{p} \phi_i \gamma_{k-i}, \quad k \geq q + 1$$

$$\rho_k = \sum_{i=1}^{p} \phi_i \rho_{k-i}, \quad k \geq q + 1$$

3. ARMA 過程の自己相関は次数に関して指数的に減衰する.

性質 2 からわかるように ARMA(p, q) 過程の場合, $q + 1$ 次以降の自己共分散と自己相関は, ユール・ウォーカー方程式を用いて逐次的に求めることができる. 一方で, q 次までの自己共分散と自己相関は, 移動平均項の影響があるため, 一般的に表現するのは難しい.

2.4.2 StatsModels による例

AR モデルと同様に本項でもアイスクリームの消費額データ (1.6 節) の 1 次階差系列を用いる.

StatsModels の `stattools` には ARMA モデルの最適なパラメタを自動で選択する機能がある. まずはその機能を用いて AR, MA の次数選択を行う.

```python
from statsmodels.tsa import stattools

# 次数選択の指標に AIC と BIC を選択
info_criteria = stattools.arma_order_select_ic(y_diff, ic=['aic', 'bic'])
# AIC と BIC が最小になる次数をそれぞれ表示
info_criteria.aic_min_order, info_criteria.bic_min_order
```

```
((4, 2), (4, 2))
```

AIC および BIC で次数 (4, 2) が最適であることがわかる.

ARMA モデルのあてはめには StatsModels の `arima_model.ARMA` 関数を用いる.

```python
from statsmodels.tsa.arima_model import ARMA

# p=4, q=2 の ARMA モデルのインスタンスを生成
model = ARMA(y_diff, (4, 2))
# y_diff に対してモデルをあてはめる
results = model.fit()
```

次に残差の確認を行う (図 **2.6** 参照).

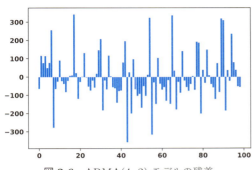
図 2.6 ARMA(4, 2) モデルの残差

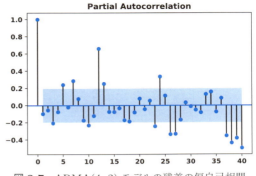
図 2.7 ARMA(4, 2) モデルの残差の偏自己相関

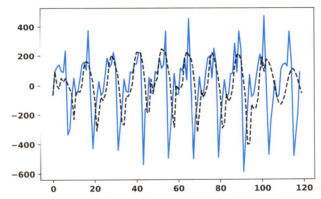
図 2.8 ARMA(4, 2) モデルによる予測結果（実線：1 次階差系列，破線：ARMA(4, 2) モデルによる予測）

```
# 残差の抽出
res = results.resid
# 残差の出力
plt.bar(range(len(res)), res)
```

続いて残差の偏自己相関の確認を行う（図 2.7 参照）．

```
from statsmodels.graphics import tsaplots

tsaplots.plot_pacf(res, lags=40)
```

12 の倍数以外にも複数の有意な偏自己相関がみられ，あてはまりがよくないことがわかる．さらに，図 2.8 をみると予測結果がよくないことが直観的にわかる．しかし，AR モデルよりも少ないパラメタで滑らかなあてはめが実現されている．図 2.8 は次のコマンドで表示できる．

```python
# 1 次階差系列の表示
plt.plot(y.diff().dropna().values, label="observation")
# ARMA(4, 2) による推定値の表示
plt.plot(np.hstack([y_diff[:2],
                    results.fittedvalues,
                    results.predict(99-2, 115, dynamic=True)]),
         '--', label="forecast")
```

2.5 ARIMA モデル

前述した ARMA モデルは定常過程にしか対応していなかったが，**自己回帰和分移動平均モデル** (ARIMA model: autoregressive integrated moving average model) は ARMA モデルを非定常過程に対応させたものである．1.9 節で説明した差分をとることで，トレンドを除去し定常過程に変換する操作が加わっている．

2.5.1 手法概要

ARIMA モデルは ARMA モデルに加えて，データ間の差分 d を定義する．この差分をとる系列は和分過程と呼ばれ，I(d) で表される．AR，MA 過程と合わせて ARIMA（自己回帰和分移動平均）過程もしくは ARIMA(p, d, q) 過程と呼ばれる．

和分過程と ARIMA 過程の定義を以下に示す．

- **和分過程**：$d-1$ 階差分をとった系列は非定常過程であるが，d 階差分をとった系列が定常過程に従う過程は，d 次和分過程もしくは I(d) 過程と呼ばれる．また，I(0) 過程は定常過程で定義される．

- **ARIMA 過程**：d 階差分をとった系列が定常かつ反転可能[3]な ARMA(p, q) 過程に従う過程は次数 (p, d, q) の ARIMA 過程もしくは ARIMA(p, d, q) 過程と呼ばれる．

和分過程や ARIMA 過程の和分次数 d は前述の AR 特性方程式で $z = 1$ という解の個数に等しいことが知られている．これらの定義から，後述する単位根過程が I(1) 過程であることがわかる．

---

3) 自己相関構造をもつ MA モデルが複数存在する場合に，どのモデルを用いるかを決める基準を MA 過程の**反転可能性** (invertibility) という．MA 過程が AR(∞) 過程に書き直せるとき MA 過程は反転可能といわれる．MA 過程が反転可能であるとき，撹乱項 ϵ_t は過去の $\boldsymbol{y}$ を用いて y_t を予測したときの残差と解釈できる．

ARIMA(p, d, q) 過程は次のように表現される.

$$\Delta^d y_t = \sum_{i=1}^{p} \phi_i \Delta^d y_{t-i} + \Delta^d \epsilon_t + \sum_{j=1}^{q} \theta_j \Delta^d \epsilon_{t-j} \tag{2.24}$$

ここで,

$$\Delta^1 y_t = y_t - y_{t-1}$$

$$\Delta^2 y_t = \Delta^1 y_t - \Delta^1 y_{t-1} = (y_t - y_{t-1}) - (y_{t-1} - y_{t-2}) = y_t - 2y_{t-1} + y_{t-2}$$

$$\vdots$$

$$\Delta^d y_t = \Delta^{d-1} y_t - \Delta^{d-1} y_{t-1}$$

である.

最後に ARIMA 過程の性質を示す.

- 平均:$\mu = \mathrm{E}[y_t] = \mathrm{constant}$
- 分散:$\gamma_0 = \mathrm{Var}[y_t] = \mathrm{E}[(y_t - \mu)^2] = \mathrm{constant}$
- 自己共分散:$\gamma_k = \mathrm{Cov}[y_t, y_{t+k}] = \mathrm{E}[(y_t - \mu)(y_{t+k} - \mu)] = \mathrm{constant}$

つまり弱定常過程である. ARIMA モデルを適用するかどうかの判定は, トレンドなどの平均値揺動が存在するかどうかによる. 1 次階差, 2 次階差を計算した結果, 平均値揺動が解消されているかどうかを検討し, トレンドがみられなくなったところで d の値を決定すればよい. ここで, 平均値揺動とは, 時系列データの平均値が時刻とともに変化することを表す.

2.5.2 StatsModels による例

本項では ARIMA モデルの特性がわかるように, トレンド成分を含む非定常データである月ごとの旅客機の乗客数データを使用してモデルを構築する. このデータは 1.4 節で使用したが, 念のためデータ取得用のコードとグラフ (図 2.9) を再掲する.

```python
import requests
import io

url = "https://www.analyticsvidhya.com/wp-content/uploads/2016/02/AirPassengers.csv"
stream = requests.get(url).content
content = pd.read_csv(io.StringIO(stream.decode('utf-8')))

df_content = content.copy()
```

2.5 ARIMA モデル

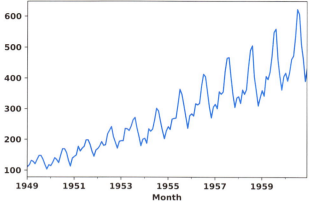

図 2.9　旅客機の月間乗客数データのプロット

```
df_content['Month'] = pd.to_datetime(df_content['Month'],
                                    infer_datetime_format=True)
y = pd.Series(df_content["#Passengers"].values, index=df_content['Month'])
y = y.astype('f')
y.plot()
```

データ全体では 144 時点あるが，前半の 120 時点をモデル構築に使用し，後半 24 時点を長期予測の確認のために使用する．前半 120 時点のみを格納した変数を y120 とする．

最初に階差をとらずにモデルを構築し，長期予測の際にトレンドが捉えられているかどうかの確認を行う．続いて階差をとったモデルにおいてトレンドが捉えられているかを確認する．

まず，階差をとらないモデルを作り残差を確認する（図 2.10 参照）．

```
from statsmodels.tsa.arima_model import ARIMA

# y は上のコードで取得した月ごとの旅客機の乗客数データ
y120 = y[:120]
# 階差をとらないモデル (p=3,d=0,q=2)
# グリッドサーチなどを用いて機械的に次数を求めることはできるが，
# ここでは天下り的に与えておく（以降同様）
model_d0 = ARIMA(y120, (3, 0, 2))
results_d0 = model_d0.fit()
res_d0 = results_d0.resid
# 残差の出力
plt.bar(range(len(res_d0[1:])), res_d0[1:])
```

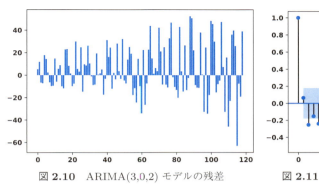
図 2.10　ARIMA(3,0,2) モデルの残差

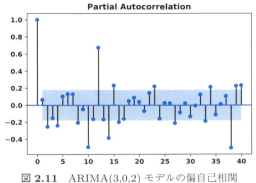
図 2.11　ARIMA(3,0,2) モデルの偏自己相関

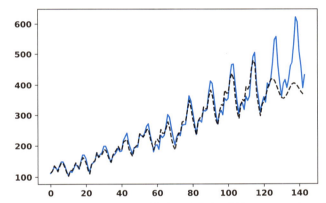
図 2.12　ARIMA(3,0,2) モデルによる予測結果（実線：原系列，破線：ARIMA(3,0,2) モデルによる予測）

次に残差の偏自己相関を確認する．ここでは 12 ヶ月の循環成分をモデルが表現できているかを主に確認している．モデルが循環成分を表現できていれば，ラグ 12 付近で残差の偏自己相関が高くなることはない．以下のように `tsaplots.plot_pacf` で偏自己相関の図を出力する（図 2.11 参照）．

```
from statsmodels.graphics import tsaplots

tsaplots.plot_pacf(res_d0[1:], lags=40)
```

図 2.11 を見るとラグ 12 で偏自己相関が有意に高く，ARIMA モデルでは 12 ヶ月の循環成分を表現できていないことがわかる．

続いて ARIMA(3,0,2) モデルの予測値と原系列の比較を行う（図 2.12 参照）．

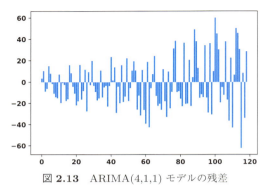

図 2.13　ARIMA(4,1,1) モデルの残差　　図 2.14　ARIMA(4,1,1) モデルの偏自己相関

```
# 原系列の表示
plt.plot(y.values, label='observation')

# インサンプル（学習に使ったサンプルデータ）と
# ARIMA(3, 0, 2) による予測値を含めた系列の表示
# AR モデルのときと predict の挙動が異なるので要注意
plt.plot(results_d0.predict(1, len(y)).values,
        '--', label='forecast')
```

121 時点以降の長期予測部ではトレンドの予測ができていないことがわかる．次にARIMA(4,1,1) モデルを構築する．ARIMA(3,0,2) モデルと同様に残差の確認から行う（図 2.13 参照）．

```
# 階差 1 をとったモデル (p=4,d=1,q=1)
model_d1 = ARIMA(y120, (4, 1, 1))
results_d1 = model_d1.fit()
res_d1 = results_d1.resid
# 残差の出力
plt.bar(range(len(res_d1)), res_d1)
```

次に偏自己相関を確認する（図 2.14 参照）．

```
tsaplots.plot_pacf(res_d1, lags=40)
```

続いて ARIMA(4,1,1) モデルの予測値と原系列の比較を行う（図 2.15 参照）．

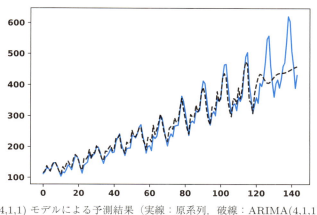

図 2.15　ARIMA(4,1,1) モデルによる予測結果（実線：原系列，破線：ARIMA(4,1,1) モデルによる予測）

```
# 原系列の表示
plt.plot(y.values, label='observation')
# インサンプル（学習に使ったサンプルデータ）と
# ARIMA(4, 1, 1) による予測値を含めた系列の表示
# 階差をとっているためインサンプルを元データの形に戻すため
# typ オプションに'levels' を指定している
plt.plot(results_d1.predict(1, len(y), typ='levels').values,
        '--', label='forecast')
```

残差の偏自己相関からわかるように，循環成分はうまく表現できていない．これは，ARIMA モデルが季節成分を考慮していないためである．しかし，ARIMA(4,1,1) モデルではトレンドは捉えられていることがわかる．

上では ARIMA モデルでは推定がうまくいかないデータについて説明したが，次にトレンド周りにノイズが乗っているようなデータにおいては ARIMA モデルでうまくトレンドの推定ができる例を紹介する．この例について AR モデルでは予測がうまくいかないので，各自確認してほしい．

図 2.16 のグラフで使用した原系列は以下の関数で生成した．オプションには data_length=1000, ar1=0.3, set_std=5 を与えた．

```
def create_data(data_length, ar1=1, set_std=1, y0=0, random_seed=555):
    np.random.seed(random_seed)
    cur_y = y0
    val_list = []
    y_t2 = 0
    e_m1 = np.random.normal(loc=0, scale=set_std)
```

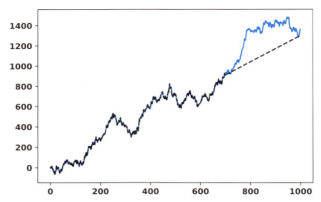

図 2.16 ARIMA モデルでうまく推定できるデータの例（実線：原系列，破線：ARIMA モデルによる予測）

```
for i in range(data_length):
    val_list.append(cur_y)
    if i > 0:
        y_t2 = val_list[-2]
    e_0 = np.random.normal(loc=0, scale=set_std)
    cur_y = 0.5 + cur_y + ar1 * (cur_y - y_t2) - 2*e_m1
    e_m1 = e_0
return val_list
```

続いて，季節性周期を含んだデータをうまくモデリングできる SARIMA モデルについて解説する．

2.6 SARIMA モデル

2.6.1 手法概要

季節変動自己回帰和分移動平均モデル (SARIMA model: seasonal autoregressive integrated moving average model) は ARIMA モデルと同じように，階差をとることで季節性を除去する操作を ARMA モデルに加え，さらに ARIMA モデルを適用したモデルである．季節性とは，例えば例年同じ月の旅客機の乗客数，企業の四半期ごとの業績が同じような傾向が見られるなど，同様の時期に見られるデータの傾向を指す．つまり，SARIMA モデルでは定常データ，非定常データ，季節性周期を含んだデータを扱うことが可能となる．ARIMA モデルによりあてはめ，および，予測した図 2.15 では，トレンドは捉えられているが，月ごと

に平均値が明らかに異なるため季節性を捉えることができていない．このような時系列データの季節変動（1.4 節参照）を除去するために季節階差をとって対応するのが SARIMA モデルである．

季節階差を s とすると，乗法型の SARIMA$(p, d, q; P, D, Q, s)$ 過程は以下で表される．

$$\phi(B)\phi_s(B)\Delta^d \Delta_s^D y_t = \theta(B)\theta_s(B)\epsilon_t$$

$$\phi(B) = 1 - \sum_{i=1}^{p} \phi_i B^i$$

$$\phi_s(B) = 1 - \sum_{i=1}^{P} \phi_{s_i} B^{si}$$

$$\theta(B) = 1 + \sum_{i=1}^{q} \theta_i B^i \tag{2.25}$$

$$\theta_s(B) = 1 + \sum_{i=1}^{Q} \theta_{s_i} B^{si}$$

$$B^n \equiv \frac{y_{t-n}}{y_t} \quad : バックシフト演算子$$

ここで，Δ^d は ARIMA(p, d, q) 過程と同様である（式 (2.24) 参照）．例として $D = 1, s = 12$ および $D = 2, s = 12$ の場合の式を以下に記載する．

$$\Delta_{12}^1 y_t = (1 - B^{12}) y_t = y_t - y_{t-12}$$

$$\Delta_{12}^2 y_t = (1 - B^{12})^2 y_t = (1 - B^{12})(y_t - y_{t-12}) = \Delta_{12}(y_t - y_{t-12}) = y_t - 2y_{t-12} + y_{t-2\times12}$$

上の例と同様に考えて一般化すると，Δ_s^D は $\Delta_s^D y_t = (1 - B^s)^D y_t = (1 - B^s)^{D-1}(y_t - y_{t-s}) = \Delta_s^{D-1} y_t - \Delta_s^{D-1} y_{t-s}$ である．また，B は**バックシフト演算子** (backshift operator) であり，定義は式 (2.25) のとおりである．

2.6.2 StatsModels による例

ARIMA モデルと同様に，月ごとの旅客機の乗客数データ（1.4 節）を使用してモデルを構築する．データ全体では 144 時点あるが，前半の 120 時点をモデル構築に使用し，後半 24 時点を長期予測の確認のために使用する．前半 120 時点のみを格納した変数を y120 とする．

まず，モデルを作り残差を確認する（図 2.17 参照）．

```
from statsmodels.tsa.statespace.sarimax import SARIMAX

p, d, q, sp, sd, sq = 2, 1, 2, 1, 1, 1
seasonal = 12

# SARIMAX(p=2,d=1,q=2; P=1,D=1,Q=1,s=12) モデルのあてはめ
```

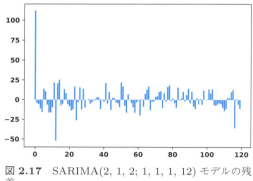
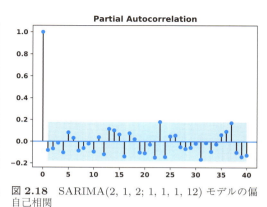

図 2.17 SARIMA(2, 1, 2; 1, 1, 1, 12) モデルの残差

図 2.18 SARIMA(2, 1, 2; 1, 1, 1, 12) モデルの偏自己相関

```
result = SARIMAX(
    y120, order=(p,d,q),
    seasonal_order=(sp,sd,sq,seasonal),
    enforce_stationarity = False,
    enforce_invertibility = False
).fit()
# 残差の抽出
res = result.resid
# 残差の出力
plt.bar(range(len(res)), res)
```

次に偏自己相関を確認する（図 2.18 参照）．

```
from statsmodels.graphics import tsaplots

tsaplots.plot_pacf(res, lags=40)
```

続いて SARIMA(2, 1, 2; 1, 1, 1, 12) モデルの予測値と原系列の比較を行う（図 2.19 参照）．

```
plt.plot(y.values, label='observation')
plt.plot(np.hstack([y120[0],
                    result.fittedvalues[1:],
                    result.forecast(24)]),
         '--', label='forecast')
```

図 2.19 から季節性の循環も捉えられていることがわかる．予測値が観測値よりも低くなっ

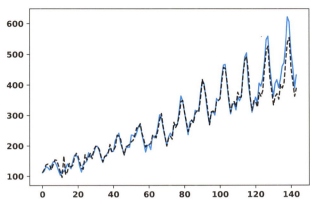

図 2.19 SARIMA(2, 1, 2; 1, 1, 1, 12) モデルによる予測結果（実線：原系列，破線：SARIMA(2, 1, 2; 1, 1, 1, 12) モデルによる予測）

ているのは，SARIMA モデルのフィッティングに用いたデータのトレンドに比べて予測データのトレンドはさらに上昇し，モデルが追随できなかったためである．時系列モデルはあくまで過去データからパターンを解析しているため，予測対象のデータが過去データのパターンから外れている場合は追随が難しくなる．したがって，SARIMA モデルによるモデリング自体に問題があるわけではない．

2.7　単位根過程

　ARIMA モデルと SARIMA モデルを除き，定常過程であることを前提として説明を進めてきた．しかし，現実世界のデータは定常性をもたない場合が多い．本節では，定常性をもたないデータをモデル化するのに役立つ**単位根過程** (unit root process) について説明する．まず，単位根過程の性質を定常過程の性質と比較し，両者の性質が大きく異なることを確認する．性質が大きく異なるがゆえに，単位根過程と定常過程を区別するのは重要な問題である．本節ではその区別をするひとつの方法である単位根検定について述べる．

2.7.1　単位根の概要

　定常過程では期待値と自己共分散が時間を通じて一定であった．この定常性の性質より，まず明らかなことは定常過程はトレンドをもたないということである．トレンドをもたないということは，値が増加し続けたり，逆に減少し続けることがないということを表している．そのため，時間が経った後にある時点の値に戻ってくることが考えられる．このような時系列データの性質を一般的に**平均回帰性** (mean reversion) と呼ぶ．つまり，平均回帰性は過程が長期

的に必ず平均の方向に戻っていくことを意味している. 定常過程の平均回帰性に関しては, 例えば, ある一定値 (式 (2.17) で示した平均値) の周りで一定のパターンを繰り返す AR(p) 過程の予測の性質を思い出してほしい.

しかし, 経済・ファイナンスデータにおいては, GDP などの経済成長とともに一定の割合で増加していくトレンドをもつ系列や, 株価などの将来的にどちらの方向に動くか予測できないデータも多く, 平均回帰性をもつとはいいがたい. つまり, 経済・ファイナンスデータは定常過程がもつ性質を満たさないものが多い. 単位根過程は, 非定常性をもつデータをモデル化するのに非常に有用である.

ここで, 単位根過程の定義を以下のように与える.

単位根過程：原系列 y_t が非定常過程であり, 差分系列 $\Delta y_t = y_t - y_{t-1}$ が定常過程であるときに, 過程は単位根過程であるといわれる.

単位根過程は, 誤差項が定常過程である AR 過程を用いて表現したとき, AR 特性方程式が $z = 1$ という解を 1 つもつ. 単位根過程は差分系列が定常となるため差分定常過程と呼ばれたり, 上述したとおり 1 次和分過程とも呼ばれる.

ここでは, AR(1) 過程を例に性質をみていく. ある確率変数列 y_t が AR(1) 過程であるときに, $y_t (t \geq 2)$ の平均と分散は以下で表現できる (表記は式 (2.16) と同じ).

$$\mathrm{E}[y_t] = \left(\sum_{i=0}^{t-2} \phi_1^i \right) c + \phi_1^{t-1} y_1 \tag{2.26}$$

$$\mathrm{Var}[y_t] = \sigma^2 \sum_{i=0}^{t-2} \phi_1^{2i} \tag{2.27}$$

この AR(1) 過程が定常性を有するには, 2.2 節で述べたとおり, $|\phi_1| < 1$ である必要がある. したがって, 本節で考える非定常過程では, $|\phi_1| \geq 1$, つまり $\phi_1 > 1$, $\phi_1 < -1$, $\phi_1 = 1$, $\phi_1 = -1$ の 4 つのパターンを考えることになる. ぞれぞれのパターンにおける特徴を以下に示す.

1. $\phi_1 > 1$：平均および分散が発散する (単調増加 (減少) となることを上式から容易に確認できる).

2. $\phi_1 < -1$：平均は, t の偶奇によって正負の値を繰り返しながら, t が大きくなるにつれて値が大きくなる (振動しながら振幅が大きくなり発散する). 分散は, t が大きくなるにつれて大きくなり発散する.

3. $\phi_1 = -1$：平均については, t の偶奇によって正負が振動し収束しない. 分散は t が大きくなるにつれて大きくなり発散する.

4. $\phi_1 = 1$：分散は，t が大きくなるにつれて大きくなり発散する．一方で平均は，$\mu = 0$ のときには発散しない．

$|\phi_1| > 1$ の場合，データ系列が時間の経過に伴って発散していく．マーケティングデータや経済・ファイナンスデータでは，このような性質をもつデータは扱わないため分析対象外として扱って問題ない．また，$|\phi_1| = 1$ の場合においても，データが発散していく異常なデータはグラフ等で確認すれば見分けることができる．したがって $|\phi_1| = 1$ においても，明らかにデータが発散している場合は分析対象外として扱って問題ない．しかし，$|\phi_1| = 1$ の場合はデータが発散していると判断しにくい場合も存在する．そのため $|\phi_1| = 1$ となる時系列を，単位根過程と呼び他の非定常時系列とは区別して扱われる．ここまでの説明から，AR(p) モデルにおける非定常過程（$|\phi_1| > 1$ および $|\phi_1| = 1$）としては主に単位根過程 ($|\phi_1| = 1$) だけに気をつければよいことがわかる．上で説明した目視で異常データを除外可能という点については，後述する単位根検定の仮説にも反映されている．単位根検定では，自己回帰係数 ϕ の大きさが $|\phi| > 1$ となるような発散過程や正負が交互に現れる $\phi < 0$ となるようなケースは除外し，仮説検定が行われる．したがって後述する単位根検定の仮説には絶対値がついていないことに注意してほしい．

以下，単位根過程となるデータとしてランダムウォークについて説明する．まず，切片 0 の単位根をもつ AR(1) 過程として次の式を考える．

$$y_t = y_{t-1} + \epsilon_t, \quad \epsilon_t \sim \mathrm{W.N.}(\sigma^2)$$

この確率過程 $\{y_t\}$ はランダムウォークと呼ばれ，以下のように書き換えられる．

$$y_t = y_1 + \sum_{i=1}^{t} \epsilon_i$$

ϵ_t はホワイトノイズであるので，$\mathrm{E}[\epsilon_1] = \mathrm{E}[\epsilon_2] = \cdots = \mathrm{E}[\epsilon_t] = 0$ となる．したがって，$\mathrm{E}[y_t] = \mathrm{E}[y_1]$ となり，平均は初期値のまま発散しない．ランダムウォークの差分の形は

$$y_t - y_{t-1} = \epsilon_t$$

となり，ホワイトノイズそのものとなるため，定常性を有する確率変数列になることも簡単に確認できる．また，ドリフト率 δ をもつランダムウォークの場合，線形トレンドを記述することができ，トレンド定常過程とも呼ばれる．詳しくは文献 [13] を参照してほしい．

単位根過程と定常過程でどれほど予測が難しくなるかについては，株価（単位根過程）と株式収益率（定常過程）の予測を持ち出して説明されることが多い．10 年後の株価を予測することは難しいが，収益率についてはある程度の幅に収まり大きく外さないだろうということが

容易に想像できる.

2.7.2　単位根検定

　本節ではランダムウォークに従っている系列が単位根過程であるかどうかを確かめる. ま ず, いくつかの単位根検定の方法について説明する. 単位根の有無の検定については, Dickey-Fuller(DF) 検定や Phillips-Perron(PP) 検定がある. ただし, DF 検定は真の過程を AR(1) モデルと仮定しているため, 用途が制限される. したがって, 通常は DF 検定を一般 化し AR(p) モデルに拡張した, ADF 検定が用いられる. PP 検定は ADF 検定と同様に DF 検定をより一般化したものであるが, PP 検定は AR(p) 仮定に限定されないのが特徴である. ここでは ADF 検定について説明する. ADF 検定では前述のとおり, 以下の AR(p) 過程に従 うことが仮定される.

$$y_t = \sum_{i=1}^{p} \phi_i y_{t-i} + \epsilon_t, \quad \epsilon_t \sim \text{W.N.}(\sigma^2) \tag{2.28}$$

y_t が単位根過程に従うとき, AR 特性方程式は $z = 1$ を解にもつので, 単位根検定をするため には,

$$\sum_{i=1}^{p} \phi_i = 1 \tag{2.29}$$

を検定しなければならない. しかし, パラメタ数が多く計算が複雑になるため, 以下のように 変形した式を用いる.

$$y_t = \rho y_{t-1} + \sum_{i=1}^{p-1} \zeta_i \Delta y_{t-i} + \epsilon_t$$
$$\rho = \sum_{i=1}^{p} \phi_i \tag{2.30}$$
$$\zeta_k = - \sum_{i=k+1}^{p} \phi_i, \quad k = 1, 2, \ldots, p-1$$

上式を用いると, 単位根の条件は $\rho = 1$ であることと同値であることがわかる. また, $|\rho| < 1$ であれば AR 特性方程式の解が $|z| > 1$ となることが確認でき, 定常性の条件であることも わかる. 例えば AR(1) モデルの特性方程式を考えると $1 - \phi_1 z = 0$ であり, 容易に理解する ことができる. 以上から, 帰無仮説は $\rho = 1$ (単位根過程), 対立仮説は $\rho < 1$ (定常過程) として検定を行う. 上述したように, 単位根検定では $|\rho| > 1$ となる発散過程, 正負が交互に 現れる $\rho < 0$ となる場合は除かれているため, 検定の意味合いとしては以下のようになる.

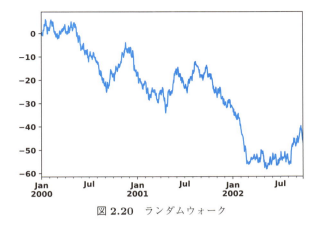

図 2.20 ランダムウォーク

帰無仮説 $H_0 : \rho = 1$（ランダムウォーク）
対立仮説 $H_1 : 0 < \rho < 1$（弱定常）

以降，StatsModels を用いて複数のデータに対する検定の例を示す．

2.7.3 StatsModels による例

ランダムウォークおよびランダムウォークの階差系列に対して ADF 検定を行う．まず，ランダムウォークの例を示す．ランダムウォークは，以下のように標準正規分布から生成した乱数を足し合わせることで表現できる．

```
y = pd.Series(np.random.randn(1000),
              index=pd.date_range('2000-1-1', periods=1000))
y = y.cumsum()
# 図 2.20 の出力
y.plot()
```

図 2.20 に示したデータに対して ADF 検定を実施するには以下のようにすればよい．

```
from statsmodels.tsa import stattools

# ADF 検定
# トレンド項あり（2次まで），定数項あり
ctt = stattools.adfuller(y, regression="ctt")
# トレンド項あり（1次），定数項あり
ct = stattools.adfuller(y, regression="ct")
# トレンド項なし，定数項あり
```

```
c = stattools.adfuller(y, regression="c")
# トレンド項なし，定数項なし
nc = stattools.adfuller(y, regression="nc")
print('ctt:')
print(ctt)
print('ct:')
print(ct)
print('c:')
print(c)
print('nc:')
print(nc)
```

```
ctt:
(-2.3024203616786174, 0.6783837507903038, 10, 989, {'1%': -4.382884053498889,
 '5%': -3.838374276893754, '10%': -3.5569657804360864}, 2803.5530138641516)
ct:
(-2.349040121049202, 0.40703746298398213, 10, 989, {'1%': -3.967952994278947,
 '5%': -3.4149385165727604, '10%': -3.1296683938683643}, 2801.5602326599537)
c:
(-1.1156341711927658, 0.7087970795121928, 10, 989, {'1%': -3.436979275944879,
 '5%': -2.8644668170148058, '10%': -2.5683283824496153}, 2803.738691121736)
nc:
(0.4164279474748902, 0.8049809276710718, 10, 989, {'1%': -2.5680043754709283,
 '5%': -1.9412749954552935, '10%': -1.6165541943930175}, 2804.6580844275595)
```

出力されるタプルの中身は先頭から，検定統計量（t 統計量．詳細は文献 [13] 参照），p 値，使用されたラグの数（`autolag` 引数が `None` でなければ選択された情報量規準をもとに計算される），計算に使用されたデータ数，検定統計量に対する各棄却値，情報量規準の最大値（デフォルトでは AIC の値）である．

結果をみるとすべてのパターンにおいて p 値が高く，単位根過程であるという帰無仮説を棄却できない．したがって，ランダムウォークは単位根過程であることがわかる．

次に，ランダムウォークの差分系列について ADF 検定を実行する．図 2.20 のランダムウォークに対して 1 次階差をとり階差系列を作成する（図 **2.21** 参照）．

```
y_diff = y.diff().dropna()
y_diff.plot()
```

図 2.21 から，平均値 0 周りにデータが散らばっている様子がわかる．図 2.21 のデータに対

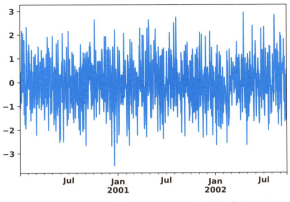

図 2.21 ランダムウォークの 1 次階差系列

して ADF 検定を実行する．

```
# ADF 検定
ctt = stattools.adfuller(y_diff, regression="ctt")
ct = stattools.adfuller(y_diff, regression="ct")
c = stattools.adfuller(y_diff, regression="c")
nc = stattools.adfuller(y_diff, regression="nc")
print('ctt:')
print(ctt)
print('ct:')
print(ct)
print('c:')
print(c)
print('nc:')
print(nc)
```

```
ctt:
(-8.600587737735024, 1.1342558163564314e-11, 9, 989, {'1%': -4.382884053498889,
 '5%': -3.838374276893754, '10%': -3.5569657804360864}, 2802.203747178166)
ct:
(-8.602960913048205, 2.911439270162834e-12, 9, 989, {'1%': -3.967952994278947,
 '5%': -3.4149385165727604, '10%': -3.1296683938683643}, 2800.552516766429)
c:
(-8.606606826850658, 6.64626051881465e-14, 9, 989, {'1%': -3.436979275944879,
 '5%': -2.8644668170148058, '10%': -2.5683283824496153}, 2798.559347495873)
nc:
```

```
(-8.496548069162284, 2.410108591966072e-14, 9, 989, {'1%': -2.5680043754709283,
 '5%': -1.9412749954552935, '10%': -1.6165541943930175}, 2798.2856379684285)
```

すべてのパターンにおいて p 値が 0 に近く単位根過程でない,つまり,定常過程であることがわかる.上述したように,各モデルには扱うデータに前提があるため,その前提の範囲内のデータであることを確認しつつ解析を進めることが時系列データの解析では重要である.

2.8 VAR モデル

ベクトル自己回帰モデル (VAR model: vector autoregressive model) は AR モデルをベクトルに一般化したものである.ただし,AR モデルは自分自身のラグのみを含んで推定するのに対し,VAR モデルはモデル内の他の変数のラグも含んで推定する.AR モデルと同様に VAR モデルの推定/検定にあたっては,データが定常である(単位根をもたない)ことが前提である.

2.8.1 手法概要

VAR(p) モデルは $\boldsymbol{y}_t$ を定数ベクトル $\boldsymbol{c}$ と自身の過去 p 時点の値 $\boldsymbol{y}_{t-1}, \ldots, \boldsymbol{y}_{t-p}$ に回帰したモデルであり以下で表される.

$$\boldsymbol{y}_t = \boldsymbol{c} + \sum_{i=1}^{p} \boldsymbol{\Phi}_i \boldsymbol{y}_{t-i} + \boldsymbol{\epsilon}_t, \quad \boldsymbol{\epsilon}_t \sim \text{W.N.}(\boldsymbol{\Sigma})$$

ここで,$\boldsymbol{c}$ は $n \times 1$ の定数ベクトルであり,$\boldsymbol{\Phi}_i$ は $n \times n$ の係数行列であり,$\boldsymbol{\Sigma}$ は $n \times n$ の分散共分散行列である.AR モデルと同様に,VAR モデルも定常になるとは限らない.定常条件は 1 変量の定常条件を行列に拡張したもので与えられる.具体的には,VAR モデルの AR 多項式の行列式を 0 とおいた次の特性方程式を解くことで得られる.

$$\left| \boldsymbol{I}_n - \sum_{i=1}^{p} \boldsymbol{\Phi}_i \boldsymbol{z}^i \right| = 0$$

これは,AR モデルの特性方程式 $1 - \sum_{i=1}^{p} \phi_i z^i = 0$ を多次元に拡張したと考えればよく,導出に関しても AR モデルの特性方程式の導出を参考にしてほしい.この特性方程式のすべての解の絶対値が 1 より大きいことが VAR モデルの定常条件となる.ここで,$\boldsymbol{I}_n$ は $n \times n$ の単位行列である.

VAR モデルの期待値は，

$$\boldsymbol{\mu} = \mathrm{E}[\boldsymbol{y}_t] = \left(\boldsymbol{I}_n - \sum_{i=1}^{p} \boldsymbol{\Phi}_i \right)^{-1} \boldsymbol{c}$$

であり，自己共分散 $\boldsymbol{\Gamma}_k$ は，

$$\boldsymbol{\Gamma}_k = \sum_{i=1}^{p} \boldsymbol{\Phi}_i \boldsymbol{\Gamma}_{k-i}$$

で求めることができる．自己共分散 $\boldsymbol{\Gamma}_k$ は行列版のユール・ウォーカー方程式から導出できる．

VAR モデルの各方程式は同時点のその他の変数は含まないため，同時方程式モデルではない．ただし，各方程式は誤差項の相関を通じて関係している．このようなモデルは**見かけ上無関係な回帰** (SUR: seemingly unrelated regression) モデルと呼ばれる．標準的な SUR モデルの仮定の下では，すべての方程式を同時に推定する必要はなく，各方程式を個別に最小二乗法 (OLS) によって推定した係数の推定量は最小二乗推定量（**最良線形不偏推定量** (BLUE: best linear unbiased estimator)）となることが知られている．

2.8.2　StatsModels による例

本項では StatsModels が提供しているマクロ経済学データセット `macrodata` を使用して VAR モデルを構築する．このデータには 1959 年の第 1 四半期 (Q1) から 2009 年の第 3 四半期 (Q3) までの 203 行のデータが含まれている．まずはデータの一部を表示することによってデータの確認をする．

```
import statsmodels as sm

df_data = sm.datasets.macrodata.load_pandas().data
df_data.head()
```

```
     year  quarter   realgdp  realcons  realinv  realgovt  realdpi
0  1959.0      1.0  2710.349    1707.4  286.898   470.045   1886.9  ...
1  1959.0      2.0  2778.801    1733.7  310.859   481.301   1919.7  ...
2  1959.0      3.0  2775.488    1751.8  289.226   491.260   1916.4  ...
3  1959.0      4.0  2785.204    1753.7  299.356   484.052   1931.3  ...
4  1960.0      1.0  2847.699    1770.5  331.722   462.199   1955.5  ...
```

`year` は観測年，`quarter` は観測した四半期である．その他の変数に関しては使用するもの

68   2.8   VAR モデル

だけ説明する．`realgdp`は実質 GDP，`realcons`は実質個人消費支出，`realinv`は実質設備
投資である．この 3 つの変数を用いて VAR モデルを構築する．

前処理として，`index`を`datetime`型に変換し，必要なカラムのみを抽出する．

```
# index を年月日に変換しておく
df_data.index = pd.date_range('1959', periods=51*4-1, freq='Q')
# 必要なカラムのみを取得
y = df_data[['realgdp','realcons','realinv']]
```

まず，各変数が単位根過程であるかどうか ADF 検定により確認する．

```
from statsmodels.tsa import stattools

# ADF 検定
ctt_realgdp = stattools.adfuller(y.realgdp, regression="ctt")
ctt_realcons = stattools.adfuller(y.realcons, regression="ctt")
ctt_realinv = stattools.adfuller(y.realinv, regression="ctt")
print("ctt realgdp:")
print(ctt_realgdp)
print("ctt realcons:")
print(ctt_realcons)
print("ctt realinv:")
print(ctt_realinv)
```

結果は以下のとおりで，すべての変数で p 値が高く 3 変数すべてが単位根過程であること
がわかる．

```
ctt realgdp:
(-2.23162556344085, 0.7145024076165568, 12, 190, {'1%': -4.433161444379647,
 '5%': -3.8638358600379066, '10%': -3.572676939641347}, 2030.9096153927815)
ctt realcons:
(-3.0087027982374495, 0.2910505147103011, 3, 199, {'1%': -4.430309046694293,
 '5%': -3.8623972900169137, '10%': -3.5717916732395594}, 1787.2221616792606)
ctt realinv:
(-1.6319215466161374, 0.9226177810403522, 3, 199, {'1%': -4.430309046694293,
 '5%': -3.8623972900169137, '10%': -3.5717916732395594}, 1945.7305980020012)
```

そこで，定常過程にするために 2 次の階差をとり，再度単位根検定を実施する．コードと
結果は以下のとおりである．

```
# 2 次の階差
y_diff = y.diff().diff().dropna()

# ADF 検定
ctt_realgdp_diff = stattools.adfuller(y_diff.realgdp, regression="ctt")
ctt_realcons_diff = stattools.adfuller(y_diff.realcons, regression="ctt")
ctt_realinv_diff = stattools.adfuller(y_diff.realinv, regression="ctt")
print("ctt realgdp_diff:")
print(ctt_realgdp_diff)
print("ctt realcons_diff:")
print(ctt_realcons_diff)
print("ctt realinv_diff:")
print(ctt_realinv_diff)
```

```
ctt realgdp_diff:
(-5.730711170853159, 4.5129005984904305e-05, 14, 186, {'1%': -4.434519413562635,
 '5%': -3.864520481428023, '10%': -3.5730981406825575}, 2025.6464949041335)
ctt realcons_diff:
(-16.93087519175753, 7.342618607969787e-25, 1, 199, {'1%': -4.430309046694293,
 '5%': -3.8623972900169137, '10%': -3.5717916732395594}, 1792.6484152650387)
ctt realinv_diff:
(-8.24609938470208, 8.390408624174994e-11, 7, 193, {'1%': -4.432180562792867,
 '5%': -3.8633412462204713, '10%': -3.5723725968816216}, 1936.5507934933225)
```

2 次の階差をとることで単位根過程ではなくなったことがわかる．上で作成した 2 次階差系列を用いて VAR モデルインスタンスを以下のように作成する．

```
from statsmodels.tsa.api import VAR

# モデルの作成
model_diff = VAR(y_diff)
```

次に最適なラグの次数の探索を行う．

```
# 最適なハイパーパラメタ（ラグの次数）の探索
model_diff.select_order(10).summary()
```

70   2.8   VAR モデル

```
VAR Order Selection (* highlights the minimums)
       AIC       BIC         FPE      HQIC
 0   22.00     22.05     3.570e+09   22.02
 1   21.20     21.40     1.607e+09   21.28
 2   20.73     21.09*    1.007e+09   20.87
 3   20.61     21.12     8.953e+08   20.82*
 4   20.58     21.25     8.701e+08   20.85
 5   20.55     21.37     8.406e+08   20.88
 6   20.59     21.56     8.748e+08   20.98
 7   20.61     21.74     8.983e+08   21.07
 8   20.50     21.77     8.009e+08   21.01
 9   20.49*    21.92     7.995e+08*  21.07
10   20.55     22.14     8.505e+08   21.19
```

　AIC で次数 9 のときに最適であることがわかる．StatsModels の VAR モデルには自動で最適なラグの次数を選択してくれる機能があるため，その機能を用いモデルのあてはめを行う．

```
# AIC 基準で最適なハイパーパラメタを選択したモデルのあてはめ
result_diff = model_diff.fit(maxlags=10, ic='aic')
# あてはめの結果を表示
result_diff.summary()
```

```
Summary of Regression Results
==================================
Model:                         VAR
Method:                        OLS
Date:             Mon, 15, Apr, 2019
Time:                     19:56:12
--------------------------------------------------------------------
No. of Equations:     3.00000     BIC:                     21.9079
Nobs:                 192.000     HQIC:                    21.0600
Log likelihood:      -2699.66     FPE:                 7.91212e+08
AIC:                  20.4828     Det(Omega_mle):      5.25930e+08
--------------------------------------------------------------------
Results for equation realgdp
===================================================================
                  coefficient     std. error      t-stat        prob
-------------------------------------------------------------------
const              0.352231        3.570180         0.099       0.922
L1.realgdp        -1.247885        0.162953        -7.658       0.000
```

```
L1.realcons        1.084603        0.212161        5.112        0.000
L1.realinv         0.348446        0.200801        1.735        0.085
L2.realgdp        -1.113375        0.227777       -4.888        0.000
L2.realcons        1.458917        0.274373        5.317        0.000
L2.realinv         0.214894        0.256314        0.838        0.403
L3.realgdp        -1.201289        0.264611       -4.540        0.000
L3.realcons        1.643437        0.313106        5.249        0.000
L3.realinv         0.258869        0.297026        0.872        0.385
L4.realgdp        -1.158100        0.287695       -4.025        0.000
L4.realcons        1.540831        0.335685        4.590        0.000
L4.realinv         0.495671        0.319816        1.550        0.123
L5.realgdp        -1.114796        0.302466       -3.686        0.000
L5.realcons        1.198746        0.343534        3.489        0.001
L5.realinv         0.410151        0.331977        1.235        0.218
L6.realgdp        -1.140106        0.304264       -3.747        0.000
L6.realcons        1.430550        0.342515        4.177        0.000
L6.realinv         0.520990        0.331061        1.574        0.117
L7.realgdp        -1.169328        0.285298       -4.099        0.000
L7.realcons        1.446455        0.334971        4.318        0.000
L7.realinv         0.669876        0.312499        2.144        0.034
L8.realgdp        -0.935261        0.254398       -3.676        0.000
L8.realcons        0.921095        0.305941        3.011        0.003
L8.realinv         0.421465        0.277929        1.516        0.131
L9.realgdp        -0.440651        0.180958       -2.435        0.016
L9.realcons        0.524468        0.237984        2.204        0.029
L9.realinv         0.315725        0.205328        1.538        0.126
==========================================================================


      (中略)


Correlation matrix of residuals
           realgdp   realcons   realinv
realgdp    1.000000  0.516204   0.692511
realcons   0.516204  1.000000  -0.029880
realinv    0.692511 -0.029880   1.000000
```

　表示されたあてはめの結果をみてみると，各変数に対する係数が9個ずつあり，ラグの次数は9が選択されたことがわかる．これは上述した探索結果と同じ結果であり，実際，最適なパラメタが選択されていることが確認できた．さらに，念のため AR の次数を確認しておく．

```
result.k_ar
```

```
9
```

次に**予測誤差分散分解** (FEVD: forecast error variance decomposition) を用いて，i 次点先予測時の誤差の起因の程度を分解する．誤差の起因の程度を分解することで，各変数に対して他のどの変数がどの程度の説明力をもっているかを知ることができる．FEVD について詳しく知りたい場合は文献 [13] の 4.5 節（分散分解）や https://en.wikipedia.org/wiki/Variance_decomposition_of_forecast_errors を参照してほしい．

以下に 3 時点先予測における誤差の要因を分解した例を示す．

```
fevd_diff = result_diff.fevd(4)
fevd_diff.summary()
```

```
FEVD for realgdp
      realgdp   realcons    realinv
0    1.000000   0.000000   0.000000
1    0.892571   0.096255   0.011175
2    0.887540   0.097189   0.015271
3    0.883109   0.095237   0.021655


FEVD for realcons
      realgdp   realcons    realinv
0    0.266466   0.733534   0.000000
1    0.283437   0.697520   0.019043
2    0.282337   0.698602   0.019061
3    0.281744   0.698428   0.019828


FEVD for realinv
      realgdp   realcons    realinv
0    0.479571   0.204551   0.315877
1    0.289142   0.461684   0.249174
2    0.292990   0.459687   0.247323
3    0.305582   0.449273   0.245145
```

3 時点先の FEVD の数値を見ると，realgdp（実質 GDP）および realcons（実質個人消費支出）においてはそれぞれ 0.883109，0.698428 と自身のウェイトが高いが，realinv（実質設備投資）では realgdp が 0.305582，realcons が 0.449273 となっており，realinv の予測誤差に対して realgdp と realcons の説明力が相対的に大きいことがわかる．FEVD は積み上げ棒グラフによって可視化すると直観的にわかりやすい．可視化は以下のように簡単に行

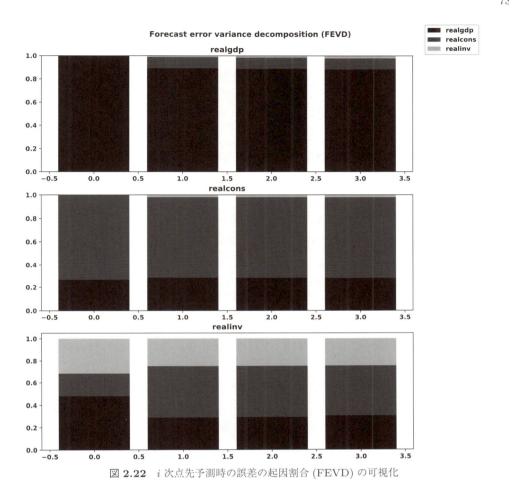

図 2.22 i 次点先予測時の誤差の起因割合 (FEVD) の可視化

える（出力は図 2.22 参照）．

```
result_diff.fevd(4).plot()
```

このように VAR モデルを用いると簡単に各変数間の関係を確認することができる．ただし，後述するグレンジャー因果検定の結果と同様に，各変数間の関係性について VAR モデルの結果が必ず正しいわけではないことに留意してほしい．

2.9 因果性の検証——グレンジャー因果

2.9.1 手法概要

データだけから時系列データにおける因果性の有無を判断できる概念が**グレンジャー因果** (Granger causality) である．別の言い方をするとグレンジャー因果はある変数（群）が他の変数（群）の予測の向上に役立つかどうかを判定する手法である．

グレンジャー因果を定義すると以下のように表現できる．現在と過去の x の値だけにもとづいた将来の x の予測と，現在と過去の x と y の値にもとづいた将来の x の予測を比較して，後者の MSE（**平均二乗誤差**：mean squared error）のほうが小さくなる場合，y から x へのグレンジャー因果性が存在する．

単位根 VAR（単位根過程を含んだ VAR）過程はグレンジャー因果性検定が効かない．また，グレンジャー因果性は定性的概念であり，関係の強さが測れないことも短所のひとつである．このような問題を補ってくれるのが，**インパルス応答関数** (impulse response) や**分散分解** (variance decomposition) である．しかし，本書ではそれらは対象としない．インパルス応答および分散分解については文献 [13] を参照してほしい．

本項では 2 変量 VAR(2) モデルを用いてグレンジャー因果性の説明をする．2 変量 VAR(2) モデルを以下のように表す．

$$y_{1t} = c_1 + \phi_{11}^{(1)} y_{1,t-1} + \phi_{12}^{(1)} y_{2,t-1} + \phi_{11}^{(2)} y_{1,t-2} + \phi_{12}^{(2)} y_{2,t-2} + \epsilon_{1t}$$

$$y_{2t} = c_2 + \phi_{21}^{(1)} y_{1,t-1} + \phi_{22}^{(1)} y_{2,t-1} + \phi_{21}^{(2)} y_{1,t-2} + \phi_{22}^{(2)} y_{2,t-2} + \epsilon_{2t}$$

y_{2t} から y_{1t} へのグレンジャー因果性が存在しないということは，$\phi_{12}^{(1)} = \phi_{12}^{(2)} = 0$ ということと同値になる．また，一般的に，y_{2t} から y_{1t} へのグレンジャー因果性が存在しないということは，VAR の y_1 の式において y_2 に関連する係数がすべて 0 になることと同値になる．したがって，VAR の枠組みでは，F 検定を用いてグレンジャー因果性を検定することができる．2 変量 VAR(2) モデルの場合の具体的な手順は以下となる．上述したように，グレンジャー因果性を検定するためには，帰無仮説 $H_0 : \phi_{12}^{(1)} = \phi_{12}^{(2)} = 0$ を検定すればよい．したがって，

$$y_{1t} = c_1 + \phi_{11}^{(1)} y_{1,t-1} + \phi_{12}^{(1)} y_{2,t-1} + \phi_{11}^{(2)} y_{1,t-2} + \phi_{12}^{(2)} y_{2,t-2} + \epsilon_{1t}$$

を OLS で推定し，その残差平方和を SSR_1 とする．次に，制約 ($\phi_{12}^{(1)} = \phi_{12}^{(2)} = 0$) を課したモデル

$$y_{1t} = c_1 + \phi_{11}^{(1)} y_{1,t-1} + \phi_{11}^{(2)} y_{1,t-2} + \epsilon_{1t}$$

を OLS で推定し，その残差平方和を SSR_0 とする．このとき，F 検定量は

$$F \equiv \frac{(\mathrm{SSR}_0 - \mathrm{SSR}_1)/2}{\mathrm{SSR}_1/(T-5)}$$

で定義される．ここで，T は標本数である．$2F$ は漸近的に $\chi^2(2)$（自由度 2 のカイ二乗分布）に従うことが知られている．したがって，$2F$ の値を $\chi^2(2)$ の 95% 点と比較して $2F$ のほうが大きければ y_{2t} から y_{1t} へのグレンジャー因果性が存在しないという帰無仮説を棄却し，y_{2t} は y_{1t} の将来を予測するのに有用であると判断できる．より一般的な，n 変量 VAR(p) モデルにおいて，ある変数（群）から y_{kt} へのグレンジャー因果性が存在するかどうかの検定の手順をまとめると次のようになる．

1. VAR モデルにおける y_{kt} のモデルを OLS で推定し，その残差平方和を SSR_1 とする
2. VAR モデルにおける y_{kt} のモデルに制約を課したモデルを OLS で推定し，その残差平方和を SSR_0 とする
3. F 検定量を以下で計算する．

$$F \equiv \frac{(\mathrm{SSR}_0 - \mathrm{SSR}_1)/r}{\mathrm{SSR}_1/(T-np-1)}$$

   ここで，r はグレンジャー因果性検定に必要な制約の数である．
4. rF を $\chi^2(r)$ の 95% 点と比較し，rF のほうが大きければ，ある変数（群）から y_{kt} へのグレンジャー因果性は存在し（帰無仮説を受容），小さければグレンジャー因果性は存在しない（帰無仮説を棄却）と結論づける

　最後に，グレンジャー因果性の長所と短所について簡単にまとめておく．グレンジャー因果性の長所としては，定義が非常に明確であることと，データを用いて容易に検定できることがあげられる．短所としては，まずグレンジャー因果性が通常の因果性とは異なることがあげられる．実際，グレンジャー因果性は通常の因果性が存在する必要条件ではあるが，十分条件ではない．また，グレンジャー因果性の方向と通常の原因と結果の間にある因果性の方向が同じになるとは限らない．極端な例をあげると，通常の原因と結果の間にある因果性は x から y の方向にあるにもかかわらず，グレンジャー因果性は y から x の方向にだけ存在することもありうる．したがって，グレンジャー因果性の結果を解釈する際には，経済理論などにより因果関係の方向がはっきりしている場合を除いては，定義どおりに予測に有用かどうかという観点で解釈するのがよい．さらに，繰り返しとなるがグレンジャー因果性は定性的概念であり，関係の強さが測れないことも短所のひとつである．

2.9.2 StatsModels による例

前節で使用したマクロ経済学データセット macrodata を用いてグレンジャー因果検定の例を示す．VAR モデルの結果を用いて連続的にグレンジャー因果検定を行うことができるため，まず前述した VAR モデルを再度構築する．

```python
import statsmodels as sm
from statsmodels.tsa.api import VAR

df_data = sm.datasets.macrodata.load_pandas().data
df_data.index = pd.date_range('1959', periods=51*4-1, freq='Q')
# 必要なカラムのみを取得
y = df_data[['realgdp','realcons','realinv']]
# 2次階差をとり定常過程にする
y_diff = y.diff().dropna().diff().dropna()
# モデルの作成
model_diff = VAR(y_diff)
result_diff = model_diff.fit(maxlags=10, ic='aic')
```

データにあてはめた結果を用いて以下のようにグレンジャー因果性検定を行う．最初に1変数とその他の変数群との関係性を確認する．

```python
from copy import deepcopy

var_names = ['realgdp', 'realinv', 'realcons']
# 各変数とその他の変数群の因果
for i in range(len(var_names)):
    vs = deepcopy(var_names)
    print(result_diff.test_causality(vs.pop(i), vs, kind='f').summary())
```

```
Granger causality F-test. H_0: %s do not Granger-cause realgdp.
Conclusion: reject H_0 at 5% significance level.
=============================================
Test statistic Critical value p-value      df
---------------------------------------------
    3.964          1.625         0.000  (18, 492)
---------------------------------------------
Granger causality F-test. H_0: %s do not Granger-cause realinv.
Conclusion: reject H_0 at 5% significance level.
=============================================
```

```
Test statistic Critical value p-value    df
-------------------------------------------------
      6.364           1.625         0.000  (18, 492)
-------------------------------------------------
Granger causality F-test. H_0: %s do not Granger-cause realcons.
Conclusion: reject H_0 at 5% significance level.
=================================================
Test statistic Critical value p-value    df
-------------------------------------------------
      2.395           1.625         0.001  (18, 492)
-------------------------------------------------
```

第2章

自己回帰型モデル

　帰無仮説は H_0 の項目に書かれているとおり[4]で，各変数群がその他の変数へ対して「グレンジャー因果性がない」である．p 値が低ければ帰無仮説が棄却されるため，「グレンジャー因果性がある」ということになる．上の3つの結果はすべて「グレンジャー因果性がある」という結果を示している．

　次に各変数とその他の変数（単体）のグレンジャー因果性の確認をする．

```python
var_names = ['realgdp', 'realinv', 'realcons']
# 各変数とその他の変数（単体）の因果
for i in range(len(var_names)):
    vs = deepcopy(var_names)
    tv = vs.pop(i)
    for v in vs:
        print(result_diff.test_causality(tv, v, kind='f').summary())
```

```
Granger causality F-test. H_0: realinv does not Granger-cause realgdp.
Conclusion: fail to reject H_0 at 5% significance level.
=================================================
Test statistic Critical value p-value    df
-------------------------------------------------
      1.026           1.899         0.418  (9, 492)
-------------------------------------------------
Granger causality F-test. H_0: realcons does not Granger-cause realgdp.
Conclusion: reject H_0 at 5% significance level.
=================================================
Test statistic Critical value p-value    df
```

---

4) 執筆時点の StatsModels のバージョンでは causing 引数にリストを渡すと H_0 で %s と表示されるが，上から ['realinv', 'realcons']，['realgdp', 'realcons']，['realgdp', 'realinv'] が入る．

```
------------------------------------------------
    6.306          1.899        0.000  (9, 492)
------------------------------------------------
Granger causality F-test. H_0: realgdp does not Granger-cause realinv.
Conclusion: fail to reject H_0 at 5% significance level.
================================================
Test statistic Critical value p-value    df
------------------------------------------------
    1.024          1.899        0.419  (9, 492)
------------------------------------------------
Granger causality F-test. H_0: realcons does not Granger-cause realinv.
Conclusion: reject H_0 at 5% significance level.
================================================
Test statistic Critical value p-value    df
------------------------------------------------
    4.255          1.899        0.000  (9, 492)
------------------------------------------------
Granger causality F-test. H_0: realgdp does not Granger-cause realcons.
Conclusion: reject H_0 at 5% significance level.
================================================
Test statistic Critical value p-value    df
------------------------------------------------
    3.985          1.899        0.000  (9, 492)
------------------------------------------------
Granger causality F-test. H_0: realinv does not Granger-cause realcons.
Conclusion: reject H_0 at 5% significance level.
================================================
Test statistic Critical value p-value    df
------------------------------------------------
    3.085          1.899        0.001  (9, 492)
------------------------------------------------
```

realgdp（実質 GDP）から realinv（実質設備投資），realinv（実質設備投資）から realgdp（実質 GDP）への「グレンジャー因果性はない」という結果を除いて，その他すべてで「グレンジャー因果性がある」という結果となった．このようにグレンジャー因果検定を用いることにより，時系列データにおける因果関係を確認できる．

2.10 見せかけの回帰

見せかけの回帰 (spurious regression) は，無関係の単位根過程の間に有意な関係があるように見える現象であり，単位根過程を用いて分析する際に最も気をつけなければならないことのひとつである．本節では，この見せかけの回帰が成立する実例を示しながら，その問題点について説明する．

2.10.1 見せかけの回帰が起こるデータ

見せかけの回帰の問題点は上で説明したとおり，無関係なデータであるにも関わらず有意な関係があるように見えてしまうことである．では，この問題はどのようなデータで起こるのだろうか？　株価の推定を例に説明する．株価を以下の回帰モデルで推定することを考える．

$$y_t = \alpha + \beta x_t + \epsilon_t$$

ここで，x_t は将来の値も取得できるデータとする．

実は y_t と x_t は以下のような，2つの独立したランダムウォークから発生されたデータである．

$$x_t = x_{t-1} + \epsilon_{1t}, \quad \epsilon_{1t} \sim \mathrm{W.N.}(\sigma_1^2)$$

$$y_t = y_{t-1} + \epsilon_{2t}, \quad \epsilon_{2t} \sim \mathrm{W.N.}(\sigma_2^2)$$

時点数 T が大きいとき，α と β を用いて t 検定を行うと，ほぼ確実に $\alpha = 0$ と $\beta = 0$ という帰無仮説は棄却され，回帰の決定係数 R^2 が漸近的に 1 に収束することも知られている．以上の結果をまとめると，x_t と y_t は独立なランダムウォークであるにもかかわらず，y_t を x_t に回帰すると，回帰分析の結果としては有意性の高い決定係数 β が得られる可能性が高いということになる．したがって，回帰分析の結果から判断すると，x_t は y_t に対して一定の説明力があるように見えるので，この現象は見せかけの回帰と呼ばれる．

2.10.2 見せかけの回帰が起こるシステムと起こらないシステム

見せかけの回帰は厄介な問題ではあるが，容易に回避できる方法もある．ひとつ目の方法は説明変数と被説明変数の（少なくともどちらか一方の）ラグ変数を回帰に含めることである．例えば，上で説明したランダムウォークの例でいうと，以下の回帰モデルを使用することで，見せかけの回帰の問題を気にする必要がなくなる．

$$y_t = \alpha + \beta_1 x_t + \beta_2 x_{t-1} + \beta_3 y_{t-1} + \epsilon_t$$

見せかけの回帰を回避するもうひとつの方法は，単位根過程に従う変数の階差をとり，定常過程に変換してから解析を行うことである．再度上で説明したランダムウォークを例に出すと，

$$\Delta y_t = \alpha + \beta \Delta x_t + \epsilon_t$$

という回帰モデルを推定することに相当する．変数が単位根過程の場合，階差系列を用いることはよくあるが，階差系列を用いた解析では，誤ったモデルを構築する可能性があるため以下の注意が必要である．

- 階差をとった変数が実際には定常の場合：定常である変数の階差をとると，過剰に階差をとっているため，利用可能な情報が大幅に失われる．したがって，変数の階差をとる前に単位根検定を行い，変数が単位根過程であるかどうかを慎重に判断する必要がある．
- もとの回帰が共和分の関係になっている場合：階差系列を用いた分析では，共和分の関係を考慮した特別なモデルを考える必要があるので，単に変数の階差をとるだけでは不十分となる．したがって，変数の階差をとる前に，もとの回帰モデルが見せかけの回帰になっているかどうかを的確に判断する必要がある．

ここで，x_t と y_t は単位根過程であることがわかっているとする．このとき，回帰の誤差項 ϵ_t が従う過程は単位根過程にも定常過程にもなりうる．

- ϵ_t が単位根過程の場合：x_t と y_t の間の関係は見せかけの回帰になる．
- ϵ_t が定常過程の場合：x_t と y_t の間には共和分の関係がある．

実は，x_t と y_t の間にはこの2とおりの関係しか存在しない．したがって，回帰が見せかけの回帰かどうかを判断するためには ϵ_t が単位根過程かどうかを調べればよい．つまり，ϵ_t に単位根検定を行えばよい．しかし，通常は α と β は未知であり，ϵ_t も未知であるので，ϵ_t の代わりに OLS 残差 $\hat{\epsilon}_t$ を用いて検定を行う．この検定は **Engle-Granger 共和分検定** (Engle-Granger cointegration test) と呼ばれる．

最後に共和分の定義を以下に示す．x_t と y_t を単位根 (I(1)) 過程とする．$ax_t + by_t$ が定常 (I(0)) 過程となるような a と b が存在するとき，x_t と y_t の間には共和分の関係がある（x_t と y_t は共和分している）といわれる．より一般的には，$\boldsymbol{y}_t$ を I(1) 過程としたとき，$\boldsymbol{a}'\boldsymbol{y}_t$ が I(0) 過程となるような $\boldsymbol{a}$ が存在するとき，$\boldsymbol{y}_t$ には共和分の関係がある，もしくは $\boldsymbol{y}_t$ は共和分しているといわれる．また，このとき，$(a,b)'$ および $\boldsymbol{a}$ は共和分ベクトルと呼ばれる．共和分している場合，階差をとると相関があるデータに対して相関がない，という判断がされる

ことがあるため事前に**共和分検定** (cointegration test) をしておく必要がある.

2.10.3 StatsModels による例

本項では 2017 年 1 月 1 日から 2017 年 10 月 31 日のニューヨーク証券取引所におけるソニー (Sony Corp) の株価データを使用して見せかけの回帰について説明する. ここでは, ある `x_factor` という変数を回帰の変数として用いると株価の予測ができるという文脈で説明を行う. `x_factor` の正体については後程説明する. まず, ソニーの株価の日次データを取得し, 内容を確認する.

```
from datetime import datetime
# pandas-datareader をインストールしていない場合は事前にインストールが必要
import pandas_datareader.data as web

# ニューヨーク証券取引所における Sony Corp(SNE) の 10 ヶ月分の日時データを取得
# 1 月 1 日, 1 月 2 日は取引所の休業日のためデータがない
st = datetime(2017, 1, 1)
end = datetime(2017, 10, 31)
y = web.DataReader('SNE', 'yahoo', start=st, end=end)
y.head()
```

Date	High	Low	Open	Close	Volume	Adj Close
2017-01-03	28.320000	28.040001	28.100000	28.290001	894900.0	28.043835
2017-01-04	28.660000	28.420000	28.480000	28.580000	910500.0	28.331308
2017-01-05	28.790001	28.430000	28.540001	28.719999	1027500.0	28.470091
2017-01-06	29.040001	28.530001	28.570000	28.959999	964800.0	28.708002
2017-01-09	28.950001	28.740000	28.740000	28.820000	648700.0	28.569221

今回は取引終了時点での株価である `Close` 変数を使用する. 次に `Close` 変数が単位根過程であるかどうかの検定を行う.

```
from statsmodels.tsa import stattools

# y.Close の ADF 検定
ctt = stattools.adfuller(y.Close, regression="ctt")
ct = stattools.adfuller(y.Close, regression="ct")
c = stattools.adfuller(y.Close, regression="c")
nc = stattools.adfuller(y.Close, regression="nc")
print('ctt:')
```

82   2.10 見せかけの回帰

```
print(ctt)
print('ct:')
print(ct)
print('c:')
print(c)
print('nc:')
print(nc)
```

```
ctt:
(-1.7430362995575495, 0.8977245289316549, 1, 208, {'1%': -4.42770753779568,
 '5%': -3.8610846253947146, '10%': -3.5709836356350633}, 306.4008588489894)
ct:
(-2.2025964663907303, 0.48838926772987523, 1, 208, {'1%': -4.002966509244673,
 '5%': -3.43181159172131, '10%': -3.139573978276485}, 304.6027052661152)
c:
(-0.8138677943630335, 0.8150145292024813, 1, 208, {'1%': -3.4621857592784546,
 '5%': -2.875537986778846, '10%': -2.574231080806213}, 306.56290529746735)
nc:
(1.676139794011456, 0.9776209940954025, 1, 208, {'1%': -2.5765728725961536,
 '5%': -1.942365654803603, '10%': -1.615602989499175}, 305.0634077469417)
```

すべてのパターンで p 値が高く，Close 変数は単位根過程であることがわかる．続いて，StatsModels の statsmodels.api.OLS で x_factor を説明変数，Close を目的変数とした線形回帰モデルを作成し，結果を表示する．

```
from statsmodels.api import OLS

model = OLS(y.Close, x_factor)
results = model.fit()
# あてはめ結果の表示
results.summary()
```

```
OLS Regression Results
Dep. Variable:  Close   R-squared:       0.100
Model:  OLS     Adj. R-squared: 0.096
Method: Least Squares   F-statistic:     23.30
Date:   Wed, 22 May 2019         Prob (F-statistic):      2.68e-06
Time:   09:46:53        Log-Likelihood: -1037.7
```

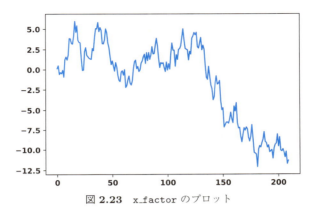

図 2.23 x_factor のプロット

```
No. Observations:        210    AIC:            2077.
Df Residuals:            209    BIC:            2081.
Df Model:                  1
Covariance Type:         nonrobust
        coef    std err   t      P>|t|   [0.025  0.975]
x1     -2.2013   0.456   -4.827  0.000   -3.100  -1.302
Omnibus:                22.013  Durbin-Watson:   0.004
Prob(Omnibus):           0.000  Jarque-Bera (JB): 14.117
Skew:                   -0.500  Prob(JB):        0.000860
Kurtosis:                2.216  Cond. No.        1.00
```

p 値が 0.000 となっており，日次の株価の終値と x_factor は相関があることを示している．つまり，x_factor が事前にわかれば株価が上がるか下がるかがわかってしまうことになる．しかし，そんな都合のよいデータは世の中にはなく，実は x_factor の正体は適当に発生させたランダムウォークデータであった．このように，単位根過程同士の回帰をすると全く関係ない変数間であたかも相関があるようにみえることがある．これが見せかけの回帰である．

最後に x_factor がどんなデータかを簡単に確認する（図 2.23 参照）．

```
# x_factor の生成
x_factor = np.random.randn(len(y)).cumsum()
# グラフによる確認
plt.plot(x_factor)
```

x_factor の単位根検定の結果は以下のとおりである．

```
# ADF 検定
ctt = stattools.adfuller(x_factor, regression="ctt")
ct = stattools.adfuller(x_factor, regression="ct")
```

84   2.10 見せかけの回帰

```python
c = stattools.adfuller(x_factor, regression="c")
nc = stattools.adfuller(x_factor, regression="nc")
print('ctt:')
print(ctt)
print('ct:')
print(ct)
print('c:')
print(c)
print('nc:')
print(nc)
```

```
ctt:
(-3.276140248692092, 0.18055268521654616, 0, 209, {'1%': -4.4274325368239005,
 '5%': -3.860945830959756, '10%': -3.5708981838796694}, 548.2149334388492)
ct:
(-2.578802328098802, 0.28974534760725545, 0, 209, {'1%': -4.0027517721652925,
 '5%': -3.4317085320958416, '10%': -3.139513599307244}, 550.8496330199099)
c:
(-0.7802896890497649, 0.824843373790451, 0, 209, {'1%': -3.4620315036789666,
 '5%': -2.8754705024827127, '10%': -2.5741950726860647}, 553.8238810464757)
nc:
(-0.5437474331701213, 0.47806007973947223, 0, 209, {'1%': -2.576520641468831,
 '5%': -1.942358783170154, '10%': -1.6156085405816791}, 553.6246793325887)
```

すべてのパターンで p 値が高く，x_factor は単位根過程であることを示している．

単位根過程に従う時系列データは世の中に多く存在するため，回帰分析を行う際は十分な注意を払う必要がある．

第❸章 状態空間モデル
——ベイズ型統計モデル

　前章で紹介した AR，ARIMA，VAR などのモデルでは観測値を直接モデル化したが，**状態空間モデル** (state space model) は状態の時系列変化と，その状態から観測される値に分解してモデル化する手法である．状態空間モデルは後述するように，観測することができない観測値の背景にある状態をモデルに組み込むことにより，ARIMA モデルなどの自己回帰型モデルと比較して，より複雑な時系列モデルを構成することができる[1]．

　状態空間モデルは逐次推移の構造をもつベイズ型統計モデルであり，状態空間モデルのフレームワークの下で，種々の時系列モデルを統一的に扱うことができる．今までは定常過程のみを対象にしたモデルが多かったが，状態空間モデルでは非定常過程を扱うことができる．また，離散時間であることを前提とすれば，状態空間モデルは連続状態を扱うモデル（本書では連続状態空間モデルと呼ぶ）と離散状態を扱うモデル（本書では離散状態空間モデルと呼ぶ）に大別できる[2]．なお，状態空間モデルではベイズ統計の知識が必要となるが本書では基本的なベイズ統計についての説明は行わない．状態空間モデルに必要なベイズ統計については文献 [12,19] などを参照してほしい．ベイズ推定および**一般化加法モデル** (GAM: generalized additive model) を基礎とした応用的なオープンソースソフトウェアとしては Facebook が公開している Prophet[3] が有名であるが，紙面の関係上本書では扱わない．本書では基礎的な状態空間モデルに絞って説明する．

　状態空間モデルの説明に入る前に**マルコフモデル** (Markov model) について簡単に触れておく．マルコフモデルは不規則に変化するシステムをモデル化するための確率モデルであり，未来の状態は現在の状態のみに左右され，過去に起きた事象には影響されないと仮定する（つまり，マルコフ性を仮定する）．マルコフモデルは扱いやすい反面，極めて制限が強くもある．

---

　1)　ただし，ARIMA モデルなども状態空間表現をとることができる．
　2)　状態空間モデルは，時間と状態それぞれにおいて，連続／離散をとることができる．そのため，時間と状態という軸でみると 4 つに大別できる．
　3)　https://github.com/facebook/prophet

しかし，状態（潜在変数）を導入することにより，扱いやすさを保ちながらより一般的な枠組みを得ることができる．この考え方から状態空間モデルが導かれる．本章では状態空間モデルについて3つの例に焦点をあてる．1つ目は状態（潜在変数）がガウス分布に従う**線形動的システム** (LOS: linear dynamical systems)，2つ目はガウス型線形動的システムよりも柔軟な**非線形動的システム** (nonlinear dynamical systems)，3つ目は状態（潜在変数）が離散変数である**隠れマルコフモデル**である．

図 **3.1** に状態空間モデルにおける状態と観測の関係性を示す．マルコフモデルの仮定から，状態空間モデルにおいても一期前の状態が今までのすべての情報をもっていると仮定して計算を行う．マルコフモデルおよび**グラフィカルモデル** (graphical model) に関して詳しく知りたい場合は文献 [2,18,19] などを参照してほしい．

3.1 連続状態空間モデル

まず，連続状態空間モデルについて説明する．3.2節，3.3節がこれに該当する．状態空間モデルは，連続／離散を問わず以下のように表現できる．

$$\boldsymbol{x}_t = \boldsymbol{F}_t(\boldsymbol{x}_{t-1}) + \boldsymbol{G}_t(\boldsymbol{v}_t) \tag{3.1}$$

$$\boldsymbol{y}_t = \boldsymbol{H}_t(\boldsymbol{x}_t) + \boldsymbol{w}_t \tag{3.2}$$

式 (3.1) と式 (3.2) はそれぞれシステムモデル，観測モデルと呼ばれる．式中に登場する記号の説明は以下のとおりである．

- $\boldsymbol{x}_t$：状態ベクトルと呼ばれる．以降，k 次元ベクトルとする．直接観測できないパラメタ．
- $\boldsymbol{v}_t$：システムノイズまたは状態ノイズと呼ばれる．以降，m 次元ベクトルとする．状態 $\boldsymbol{x}_{t-1}$ から $\boldsymbol{x}_t$ にシフトする過程における撹乱要因を表す．ガウス型モデルの場合は，$\boldsymbol{w}_t$ とは独立のホワイトノイズと仮定し，$\boldsymbol{v}_t \sim \mathrm{N}(\boldsymbol{0}_m, \boldsymbol{Q}_t)$ [4] とする．以下で説明するように，$\boldsymbol{Q}_t$ はシステムノイズの分散共分散行列である．
- $\boldsymbol{y}_t$：直接観測可能な時系列データ．以降，ℓ 次元ベクトルとする．
- $\boldsymbol{w}_t$：観測ノイズと呼ばれる．以降，ℓ 次元ベクトルとする．$\boldsymbol{y}_t$ と $\boldsymbol{x}_t$ との関係における撹乱要因を表す．ガウス型モデルの場合は，$\boldsymbol{v}_t$ とは独立のホワイトノイズと仮定し，$\boldsymbol{w}_t \sim \mathrm{N}(\boldsymbol{0}_\ell, \boldsymbol{R}_t)$ とする．以下で説明するように，$\boldsymbol{R}_t$ は観測ノイズの分散共分散行列である．

---

4) 本書では，$\mathrm{N}(\cdot, \cdot)$ は正規分布を表し，この場合，$\boldsymbol{v}_t$ は平均 $\boldsymbol{0}_m$，分散 $\boldsymbol{Q}_t$ の多変量正規分布に従うことを意味している．

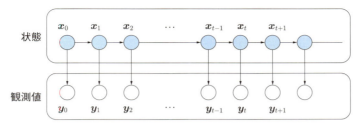

図 **3.1** 状態空間モデルの概略図

- F_t：非線形関数または線形関数．線形関数の場合は行列であり**状態推移行列** (state transition matrix) または**係数行列** (coefficient matrix) と呼ばれる．$k \times k$ 行列．x_{t-1} から x_t にシフトするメカニズムを決める関数と考えることができる．
- G_t：非線形関数または線形関数．線形関数の場合は係数行列と呼ばれる．$k \times m$ 行列．
- H_t：非線形関数または線形関数．線形関数の場合は**観測行列** (observation matrix) または係数行列と呼ばれる．$\ell \times k$ 行列．
- Q_t：システムノイズの分散共分散行列．$m \times m$ 行列．
- R_t：観測ノイズの分散共分散行列．$\ell \times \ell$ 行列．

式 (3.2) の観測モデルは時系列 y_t の観測される仕組みを規定するものであり，状態 x_t を回帰係数とする回帰モデルとみなせる．このとき式 (3.1) のシステムモデルは，その回帰係数の時間的変化を表す．つまり，状態空間モデルでは時間ごとに変化するパラメタを推定するため非定常系列を扱うことができる．

3.1.1 状態の逐次推定

上述したとおり，状態空間モデルでは状態ベクトル x_t を推定することが目的となる．状態ベクトル x_t を推定する問題は状態推定と呼ばれ，観測時点を j とし推定する状態の時点を t とすると，その大小関係により以下の 3 つに分けられる．

- 予測：$j < t$
- フィルタ：$j = t$
- 平滑化：$j > t$

このように問題を 3 つに分けて考えるのは，後に示すように時系列の予測，補間，パラメタ推定，成分分解などの課題解決に必要な問題のほとんどがこの状態推定を利用することによって統一的に解決できるからである．状態推定の問題は，時点 1 から j までの観測データ集合 $Y_{1:j} = \{y_1, \ldots, y_j\}$[5] が与えられたとき，$Y_{1:j}$ の下で状態 x_t の条件付き確率分布

---

[5] $y_1^j = \{y_1, \ldots, y_j\}$ という表現が一般的だが，本書では可読性のために $Y_{1:j}$ という表現にしている．

88   3.1 連続状態空間モデル

$p(\boldsymbol{x}_t|Y_{1:j})$ を求める問題となる．本項では以降に，一般的な 1 期先予測分布，フィルタ分布，平滑化分布を示す．

● **1 期先予測**

$$
\begin{aligned}
p(\boldsymbol{x}_t|Y_{1:t-1}) &= \int_{-\infty}^{\infty} p(\boldsymbol{x}_t, \boldsymbol{x}_{t-1}|Y_{1:t-1})d\boldsymbol{x}_{t-1} \\
&= \int_{-\infty}^{\infty} p(\boldsymbol{x}_t|\boldsymbol{x}_{t-1}, Y_{1:t-1})p(\boldsymbol{x}_{t-1}|Y_{1:t-1})d\boldsymbol{x}_{t-1} \\
&= \int_{-\infty}^{\infty} p(\boldsymbol{x}_t|\boldsymbol{x}_{t-1})p(\boldsymbol{x}_{t-1}|Y_{1:t-1})d\boldsymbol{x}_{t-1}
\end{aligned}
\tag{3.3}
$$

● **フィルタ**

$$
\begin{aligned}
p(\boldsymbol{x}_t|Y_{1:t}) &= p(\boldsymbol{x}_t|\boldsymbol{y}_t, Y_{1:t-1}) \\
&= \frac{p(\boldsymbol{x}_t, \boldsymbol{y}_t|Y_{1:t-1})}{p(\boldsymbol{y}_t|Y_{1:t-1})} \\
&= \frac{p(\boldsymbol{y}_t|\boldsymbol{x}_t, Y_{1:t-1})p(\boldsymbol{x}_t|Y_{1:t-1})}{p(\boldsymbol{y}_t|Y_{1:t-1})} \\
&= \frac{p(\boldsymbol{y}_t|\boldsymbol{x}_t)p(\boldsymbol{x}_t|Y_{1:t-1})}{p(\boldsymbol{y}_t|Y_{1:t-1})}
\end{aligned}
\tag{3.4}
$$

$p(\boldsymbol{y}_t|Y_{1:t-1}) = \int p(\boldsymbol{y}_t|\boldsymbol{x}_t)p(\boldsymbol{x}_t|Y_{1:t-1})d\boldsymbol{x}_t$ である．式 (3.3) の 2 行目から 3 行目，式 (3.4) の 3 行目から 4 行目はグラフィカルモデルの有向分離性から $p(\boldsymbol{x}_t|\boldsymbol{x}_{t-1}, Y_{1:t-1}) = p(\boldsymbol{x}_t|\boldsymbol{x}_{t-1})$, $p(\boldsymbol{y}_t|\boldsymbol{x}_t, Y_{1:t-1}) = p(\boldsymbol{y}_t|\boldsymbol{x}_t)$ という変数の依存関係を用いて整理した．式 (3.4) の 1 行目から 2 行目はベイズの定理を用いて変形した．ここで，グラフィカルモデルの有向分離性について補足しておく．**有向分離** (*d*-separation, directed separation) とは確率変数の依存関係の独立性を発見するためのシステマチックな手法である．図 3.1 を見ると $\boldsymbol{x}_t$ は $\boldsymbol{x}_{t-1}$ のみに依存しており，$\boldsymbol{y}_t$ は $\boldsymbol{x}_t$ のみに依存しており，$Y_{1:t-1}$ とは独立（たどり着く経路が存在しない）であることがわかる．この依存関係を利用して，独立な変数を消去すると $p(\boldsymbol{x}_t|\boldsymbol{x}_{t-1}, Y_{1:t-1})$ は $p(\boldsymbol{x}_t|\boldsymbol{x}_{t-1})$, $p(\boldsymbol{y}_t|\boldsymbol{x}_t, Y_{1:t-1})$ は $p(\boldsymbol{y}_t|\boldsymbol{x}_t)$ と整理できる．有向分離性（マルコフ性）については文献 [18] などを参照してほしい．

式 (3.3)，式 (3.4) より逐次的に確率分布を計算できることがわかる．1 期先予測 (3.3) の右辺の $p(\boldsymbol{x}_t|\boldsymbol{x}_{t-1})$ はシステムモデル (3.1) によって決まる．したがって，時点 $t-1$ のフィルタ分布 $p(\boldsymbol{x}_{t-1}|Y_{1:t-1})$ が与えられると，時点 t の 1 期先予測分布 $p(\boldsymbol{x}_t|Y_{1:t-1})$ が計算できる．1 期先予測分布の具体的な求め方は以降の項で述べる．

同じようにフィルタに関して，式 (3.4) の右辺の $p(\boldsymbol{y}_t|\boldsymbol{x}_t)$ は観測モデル (3.2) によって求まるので，1 期先予測 (3.3) で求めた予測分布 $p(\boldsymbol{x}_t|Y_{1:t-1})$ と最新の観測値 $\boldsymbol{y}_t$ からフィルタ分

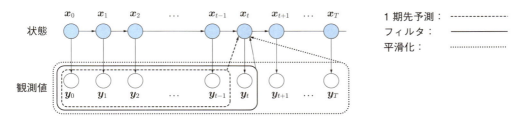

図 3.2　1 期先予測，フィルタ，平滑化のデータとの関連性

布 $p(\boldsymbol{x}_t|Y_{1:t})$ を求めることができる．図 3.3 に示すように，フィルタ分布は次のステップで予測分布 $p(\boldsymbol{x}_{t+1}|Y_{1:t})$ の計算に利用する．この 1 期先予測とフィルタの操作を繰り返すことによって**逐次フィルタ** (sequential filtering) が構成できる．次に説明する平滑化の操作の前に逐次フィルタをデータの終端まで求めておく．

平滑化分布を求める方法としては，**固定区間平滑化** (fixed interval smoothing)，**固定ラグ平滑化** (fixed lag smoothing)，**固定点平滑化** (fixed point smoothing) の 3 種類があるが，本書では逆方向の逐次計算によって平滑化分布 $p(\boldsymbol{x}_t|Y_{1:t})$ を計算できる固定区間平滑化アルゴリズムについて説明する．

● 固定区間平滑化

$$p(\boldsymbol{x}_t|Y_{1:T}) = p(\boldsymbol{x}_t|Y_{1:t}) \int_{-\infty}^{\infty} \frac{p(\boldsymbol{x}_{t+1}|Y_{1:T})p(\boldsymbol{x}_{t+1}|\boldsymbol{x}_t)}{p(\boldsymbol{x}_{t+1}|Y_{1:t})} d\boldsymbol{x}_{t+1} \tag{3.5}$$

式 (3.5) は状態 $\boldsymbol{x}_t$ のフィルタ分布 $p(\boldsymbol{x}_t|Y_{1:t})$ と状態 $\boldsymbol{x}_{t+1}$ の予測分布 $p(\boldsymbol{x}_{t+1}|Y_{1:t})$ および平滑化分布 $p(\boldsymbol{x}_{t+1}|Y_{1:T})$ が得られると，状態 $\boldsymbol{x}_t$ の平滑化分布 $p(\boldsymbol{x}_t|Y_{1:T})$ が計算できることを示している．ここで，T は観測データの最終時点を表している．フィルタが時点 t までの観測値だけを用いて $\boldsymbol{x}_t$ を推定するのに対し，平滑化のアルゴリズムはすべての観測データを用いて推定を行う．したがって，平滑化を行うことで一般的にフィルタよりも精度の高い状態推定ができる．

一般に，観測データ $Y_{1:j}$ が与えられたとき状態 $\{\boldsymbol{x}_1, \ldots, \boldsymbol{x}_t\}$ の条件付き同時分布を求めるには膨大な計算量が必要である．しかし，状態空間モデルでは逐次的なアルゴリズムによって状態 $\boldsymbol{x}_t$ の条件付き周辺分布を効率的に求めることができる．これを実現する有効なツールにカルマンフィルタと呼ばれるアルゴリズムがある．次項でカルマンフィルタについて説明する．

最後に，1 期先予測分布，フィルタ分布，平滑化分布の推定についてデータとの関連性および計算ステップの概略を図 3.2, 3.3 に示す．各ステップの関係がわからなくなった場合などは，これらの図に戻って確認をしてほしい．

3.1 連続状態空間モデル

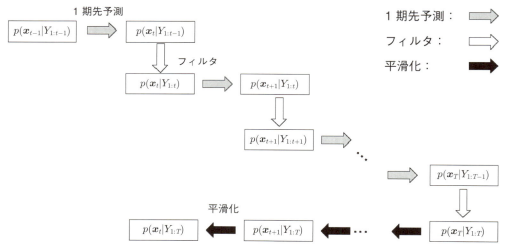

図 3.3 1 期先予測，フィルタ，平滑化の計算ステップ

3.1.2 線形ガウス型モデル

線形ガウス型モデルは，状態の変化が線形でノイズが正規分布に従うモデルであり，以下のように表現できる．

$$\boldsymbol{x}_t = \boldsymbol{F}_t \boldsymbol{x}_{t-1} + \boldsymbol{G}_t \boldsymbol{v}_t, \quad \boldsymbol{v}_t \sim \mathrm{N}(\boldsymbol{0}_m, \boldsymbol{Q}_t) \tag{3.6}$$

$$\boldsymbol{y}_t = \boldsymbol{H}_t \boldsymbol{x}_t + \boldsymbol{w}_t, \quad \boldsymbol{w}_t \sim \mathrm{N}(\boldsymbol{0}_\ell, \boldsymbol{R}_t) \tag{3.7}$$

ただし，初期状態は $\boldsymbol{x}_0$ である．

本項では線形ガウス型モデルの状態推定に**カルマンフィルタ** (Kalman filter) を用いた方法について説明する．線形ガウス型モデルを考えているため，システムノイズ $\boldsymbol{v}_t$，観測ノイズ $\boldsymbol{w}_t$ および初期状態 $\boldsymbol{x}_0$ がすべて正規分布に従うと仮定しているので，得られた状態 $\boldsymbol{x}_t$ の条件付き分布 $p(\boldsymbol{x}_t|Y_{1:j})$ も正規分布となる．したがって，状態空間モデルの状態推定の問題においては，条件付き分布 $p(\boldsymbol{x}_t|Y_{1:j})$ を規定する平均と分散共分散行列だけを求めればよい．

ここで，状態 $\boldsymbol{x}_t$ の条件付き分布の平均 $\boldsymbol{x}_{t|j}$ と分散共分散行列 $\boldsymbol{V}_{t|j}$ は以下になる．

$$\boldsymbol{x}_{t|j} = E[\boldsymbol{x}_t|Y_{1:j}] \tag{3.8}$$

$$\boldsymbol{V}_{t|j} = E[(\boldsymbol{x}_t - \boldsymbol{x}_{t|j})(\boldsymbol{x}_t - \boldsymbol{x}_{t|j})'|Y_{1:j}] \tag{3.9}$$

なお，下付き添え字 $t|j$ で，縦バー "|" の左側は状態ベクトルの時点に対応し，時点 t の状態ベクトルであることを指している．一方，バーの右側の j は条件となる所与のデータ $Y_{1:j}$ の j である．$j = t-1$ の場合が 1 期先予測，$j = t$ の場合がフィルタと対応する．以下にカルマンフィルタによる 1 期先予測，フィルタ，(固定区間) 平滑化のアルゴリズムを記載する．上述したように線形ガウス型モデルでは状態の条件付き分布は正規分布であるため，平均と分散共

分散行列を求めることで分布が表現できることを意識してほしい.

- **1 期先予測**

$$\boldsymbol{x}_{t|t-1} = \boldsymbol{F}_t \boldsymbol{x}_{t-1|t-1}$$
$$\boldsymbol{V}_{t|t-1} = \boldsymbol{F}_t \boldsymbol{V}_{t-1|t-1} \boldsymbol{F}_t' + \boldsymbol{G}_t \boldsymbol{Q}_t \boldsymbol{G}_t' \tag{3.10}$$

- **フィルタ**

$$\boldsymbol{K}_t = \boldsymbol{V}_{t|t-1} \boldsymbol{H}_t' (\boldsymbol{H}_t \boldsymbol{V}_{t|t-1} \boldsymbol{H}_t' + \boldsymbol{R}_t)^{-1}$$
$$\boldsymbol{x}_{t|t} = \boldsymbol{x}_{t|t-1} + \boldsymbol{K}_t (\boldsymbol{y}_t - \boldsymbol{H}_t \boldsymbol{x}_{t|t-1}) \tag{3.11}$$
$$\boldsymbol{V}_{t|t} = (\boldsymbol{I}_k - \boldsymbol{K}_t \boldsymbol{H}_t) \boldsymbol{V}_{t|t-1}$$

- **固定区間平滑化**

$$\boldsymbol{A}_t = \boldsymbol{V}_{t|t} \boldsymbol{F}_{t+1}' \boldsymbol{V}_{t+1|t}^{-1}$$
$$\boldsymbol{x}_{t|T} = \boldsymbol{x}_{t|t} + \boldsymbol{A}_t (\boldsymbol{x}_{t+1|T} - \boldsymbol{x}_{t+1|t}) \tag{3.12}$$
$$\boldsymbol{V}_{t|T} = \boldsymbol{V}_{t|t} + \boldsymbol{A}_t (\boldsymbol{V}_{t+1|T} - \boldsymbol{V}_{t+1|t}) \boldsymbol{A}_t'$$

1 期先予測における $\boldsymbol{V}_{t|t-1}$ の第 1 項は以前の状態から推移してきた確率的変動の影響を表し,第 2 項は新たに加わったシステムノイズの影響を表す.また,$t = 1, \ldots, T$ について 1 期先予測を実行する場合は,初期分布の平均と分散を設定しておく必要があるが,T が大きければ初期値の影響は無視できるため適当に与えておけばよい.ただし,信頼度が低いことを表現するために分散は大きくしておく必要がある.

フィルタのアルゴリズムにおいて,$\boldsymbol{y}_t - \boldsymbol{H}_t \boldsymbol{x}_{t|t-1}$ は $\boldsymbol{y}_t$ の予測誤差を,$\boldsymbol{H}_t \boldsymbol{V}_{t|t-1} \boldsymbol{H}_t' + \boldsymbol{R}_t$ はその分散共分散行列を表す.また,$\boldsymbol{K}_t$ はカルマンゲイン (Kalman gain) と呼ばれるもので,$\boldsymbol{x}_{t|t} = (\boldsymbol{I}_k - \boldsymbol{K}_t \boldsymbol{H}_t) \boldsymbol{x}_{t|t-1} + \boldsymbol{K}_t \boldsymbol{y}_t$ となることからわかるように,新しいデータによる状態推定値の更新の大きさを決める重み係数行列である[6].

1 期先予測分布およびフィルタ分布の式からわかるように,システムノイズと観測ノイズの両方がないとき,統計モデルとして成り立たない.また,逆行列を計算する必要があるため,$\boldsymbol{H}_t \boldsymbol{V}_{t|t-1} \boldsymbol{H}_t' + \boldsymbol{R}_t$ は正則行列でなければならない点にも注意が必要である.

平滑化のアルゴリズムには,1 期先予測分布およびフィルタ分布の平均と共分散が利用されているため,平滑化を行うには $t = 1, \ldots, T$ における $\boldsymbol{x}_{t|t-1}, \boldsymbol{x}_{t|t}, \boldsymbol{V}_{t|t-1}, \boldsymbol{V}_{t|t}$ を求め,これらの結果を保存しておかなければならない.そして,式 (3.12) のアルゴリズムにしたがい,

---

[6]　システムノイズを過小評価した場合(例えば $\boldsymbol{0}$ にした場合),状態が変化しないと考えるため変化に追従しづらくなる.観測ノイズを過小評価した場合,システムノイズによる変動の影響を受けすぎてしまい,推定が安定しなくなる.このような状況を定量的に表しているのがカルマンゲインである.

$t = T, \ldots, 1$ について時間を遡りながら $\boldsymbol{x}_{t|T}, \boldsymbol{V}_{t|T}$ を求めればよい. なお, 平滑化アルゴリズムでは, 1期先予測分布の分散共分散行列 $\boldsymbol{V}_{t|t-1}$ の逆行列が使用されているため, $\boldsymbol{V}_{t|t-1}$ が正則行列である必要がある点に注意が必要である.

状態の長期予測

ここまで予測に関して状態の1期先予測の話だけをしてきたが, 状態の長期予測は1期先予測を反復することによって可能である. 状態の長期予測とは, 現在時点 t までの観測データ $Y_{1:t} = \{\boldsymbol{y}_1, \ldots, \boldsymbol{y}_t\}$ を用いて時点 t から $j(> 1)$ 期先の状態 $\boldsymbol{x}_{t+j}$ を推定する問題である.

状態の長期予測では, 一般に観測データ $\boldsymbol{y}_{t+j}$ は得られない状況を想定しているため, $Y_{1:t+j} = \cdots = Y_{1:t}$ という設定の下で, 1期先予測だけを j 回繰り返す. したがって, 状態の長期予測は $i = 1, \ldots, j$ において以下のように表現できる.

$$
\begin{aligned}
\boldsymbol{x}_{t+i|t} &= \boldsymbol{F}_{t+i}\boldsymbol{x}_{t+i-1|t} \\
\boldsymbol{V}_{t+i|t} &= \boldsymbol{F}_{t+i}\boldsymbol{V}_{t+i-1|t}\boldsymbol{F}'_{t+i} + \boldsymbol{G}_{t+i}\boldsymbol{Q}_{t+i}\boldsymbol{G}'_{t+i}
\end{aligned}
\tag{3.13}
$$

式 (3.13) からわかるように, 状態の長期予測では, i が大きくなるに従って予測分布の分散が徐々に拡大していく. つまり, i が大きくなるに従って予測区間が広がっていくことがわかる.

時系列の予測

上述の状態の予測と, 状態 $\boldsymbol{x}_t$ と時系列 $\boldsymbol{y}_t$ の関係を示す観測モデル (3.2) を用いて時点 t 以降の時系列に対する予測も可能である. 式 (3.2) の関係から $Y_{1:t}$ が与えられたとき, $j \geq 1$ について $\boldsymbol{y}_{t+j}$ の予測分布の平均と分散共分散行列は, 次式で表される.

$$
\begin{aligned}
\boldsymbol{y}_{t+j|t} &= \mathrm{E}[\boldsymbol{y}_{t+j}|Y_{1:t}] \\
&= \mathrm{E}[\boldsymbol{H}_{t+j}\boldsymbol{x}_{t+j} + \boldsymbol{w}_{t+j}|Y_{1:t}] \\
&= \boldsymbol{H}_{t+j}\boldsymbol{x}_{t+j|t}
\end{aligned}
\tag{3.14}
$$

$$
\begin{aligned}
\boldsymbol{U}_{t+j|t} &= \mathrm{E}[(\boldsymbol{y}_{t+j} - \boldsymbol{y}_{t+j|t})(\boldsymbol{y}_{t+j} - \boldsymbol{y}_{t+j|t})'|Y_{1:t}] \\
&= \mathrm{E}[(\boldsymbol{H}_{t+j}\boldsymbol{x}_{t+j} + \boldsymbol{w}_{t+j} - \boldsymbol{H}_{t+j}\boldsymbol{x}_{t+j|t})(\boldsymbol{H}_{t+j}\boldsymbol{x}_{t+j} + \boldsymbol{w}_{t+j} - \boldsymbol{H}_{t+j}\boldsymbol{x}_{t+j|t})'|Y_{1:t}] \\
&= \boldsymbol{H}_{t+j}\mathrm{E}[(\boldsymbol{x}_{t+j} - \boldsymbol{x}_{t+j|t})(\boldsymbol{x}_{t+j} - \boldsymbol{x}_{t+j|t})'|Y_{1:t}]\boldsymbol{H}'_{t+j} + \mathrm{E}[\boldsymbol{w}_{t+j}\boldsymbol{w}'_{t+j}|Y_{1:t}] \\
&\quad + \boldsymbol{H}_{t+j}\mathrm{Cov}[\boldsymbol{x}_{t+j}, \boldsymbol{w}_{t+j}|Y_{1:t}] + \mathrm{Cov}[\boldsymbol{w}_{t+j}, \boldsymbol{x}_{t+j}|Y_{1:t}]\boldsymbol{H}'_{t+j} \\
&= \boldsymbol{H}_{t+j}\boldsymbol{V}_{t+j|t}\boldsymbol{H}'_{t+j} + \boldsymbol{R}_{t+j}
\end{aligned}
\tag{3.15}
$$

時系列の観測データ $Y_{1:t}$ を用いた $\boldsymbol{y}_{t+j}$ の予測分布も正規分布に従う. $\boldsymbol{y}_{t+j}$ の予測分布の平均 $\boldsymbol{y}_{t+j|t} = \boldsymbol{H}_{t+j}\boldsymbol{x}_{t+j}$ を $\boldsymbol{y}_{t+j}$ の予測値として利用するとすれば, 予測誤差は $\boldsymbol{y}_{t+j} -$

$H_{t+j}x_{t+j|t}$ となり，その分散共分散行列は $U_{t+j|t}$ で与えられる．

パラメタ推定

パラメタ $\boldsymbol{\theta}$ をもつ時系列モデルの尤度は長さ T の時系列 $Y_{1:T} = \{\boldsymbol{y}_1, \ldots, \boldsymbol{y}_T\}$ が与えられるとき，**同時確率密度関数** (joint probability density function)$f_{1:T}(Y_{1:T}|\boldsymbol{\theta})$ を用いて次のように表現される．

$$L(\boldsymbol{\theta}) = f_{1:T}(Y_{1:T}|\boldsymbol{\theta}) = f_{1:t-1}(Y_{1:t-1}|\boldsymbol{\theta})p_t(\boldsymbol{y}_t|Y_{1:t-1},\boldsymbol{\theta}) \tag{3.16}$$

式 (3.16) に示した分解を繰り返し適用すると，最終的には

$$L(\boldsymbol{\theta}) = \prod_{t=1}^{T} p_t(\boldsymbol{y}_t|Y_{1:t-1},\boldsymbol{\theta}) \tag{3.17}$$

と表現できる．ただし，$p_1(\boldsymbol{y}_1|Y_{1:0},\boldsymbol{\theta}) = f_1(\boldsymbol{y}_1|\boldsymbol{\theta})$ である．したがって，一般に時系列モデルの対数尤度は

$$\ell(\boldsymbol{\theta}) = \log L(\boldsymbol{\theta}) = \sum_{t=1}^{T} \log p_t(\boldsymbol{y}_t|Y_{1:t-1},\boldsymbol{\theta}) \tag{3.18}$$

ここで，式 (3.14) を思い出すと，$p_t(\boldsymbol{y}_t|Y_{1:t-1},\boldsymbol{\theta})$ は逐次フィルタの予測分布であることがわかる．したがって，状態空間モデルで表現できる時系列モデルに対しては，対数尤度はフィルタの副産物として統一的かつ自動的に計算できる．状態空間モデルのハイパーパラメタの最尤推定量を求めるためには，数理最適化により式 (3.18) の対数尤度を最大とするハイパーパラメタを求めればよいことがわかる．この対数尤度を使用して，例えば，システムノイズの分散共分散行列 $\boldsymbol{Q}_t$ を数理最適化により求めることが考えられる．

欠測値対応

観測システムの異常あるいは観測対象の物理的制約などにより，時系列の一部が観測できないことがある．統計解析の対象期間において実際に観測できなかったデータのことを**欠測値**と呼ぶ．欠測値が数パーセントであったとしても，連続して観測できた利用可能データのサイズが小さければ，統計解析の目的を十分に達成できない．そうした困難に直面した際，第1章で説明したように欠測値をデータの平均値などで補間したり，線形補間によって補間した後，欠測値がないものとみなして統計解析を行う．しかし，このような前処理は一部分の観測データの重複使用となるため，もとのモデルを歪曲してしまう．これによって計算の精度が悪くなるばかりではなく，解析結果に大きな偏りをもたらす危険性もある．以下，時系列に欠測値がある場合のカルマンフィルタにおける対応方法を紹介する．

時点 t において欠測があるときは，$Y_{1:t} = Y_{1:t-1}$ が成り立つため，カルマンフィルタにおいてフィルタの部分を省略し，平滑化処理を施せばよい．したがって，時系列モデルがすでに与えられている場合，そのモデルを利用して欠測値の補間を行うことができる．時点 t において欠測値があるときは，以下のようにカルマンフィルタの計算および欠測値の補間を行う．

1. 1期先予測分布の平均 $\boldsymbol{x}_{t|t-1}$ と分散共分散行列 $\boldsymbol{V}_{t|t-1}$ だけを計算する
2. 手順1で求めた1期先予測分布の平均，分散共分散行列でフィルタ分布の平均，分散共分散行列を $\boldsymbol{x}_{t|t} = \boldsymbol{x}_{t|t-1}$ と $\boldsymbol{V}_{t|t} = \boldsymbol{V}_{t|t-1}$ で置き換える
3. 手順2で求めたものを使用し，平滑化アルゴリズムを適用し状態の平滑値 $\boldsymbol{x}_{n|T}$ を計算する
4. 時点 t における時系列 $\boldsymbol{y}_t$ の推定値として $\boldsymbol{y}_{t|T} = \boldsymbol{H}_t \boldsymbol{x}_{t|T}$ を使用し欠測値を補間する

また，$\boldsymbol{U}_{t|T} = \boldsymbol{H}_t \boldsymbol{V}_{t|T} \boldsymbol{H}_t' + \boldsymbol{R}_t$ により，推定誤差の共分散を求めることもできる．

3.2 線形ガウス型モデルの設計と解析

線形ガウス型状態空間モデルの具体例として，時系列の成分分解について説明する．線形ガウス型モデルは式 (3.6)，(3.7) の係数行列を設計することで様々な時系列データに対応することが可能である．ここでは，トレンド推定モデル，季節調整モデル，AR 成分付き季節調整モデルについて説明する．なお，本節では観測値が1次元のデータを使用することを前提として説明する．

3.2.1 トレンドの推定

トレンドについては第1章を思い出してほしい．ここでは，トレンド推定のシステムとして以下を考える[7]．

$$y_n = t_n + w_n, \quad w_n \sim \mathrm{N}(0, \sigma^2) \tag{3.19}$$

$$t_n = \sum_{i=1}^{k} c_i^{(k)} t_{n-i} + v_{n1}, \quad v_{n1} \sim \mathrm{N}(0, \tau_1^2) \tag{3.20}$$

式 (3.19) が観測モデルであり，式 (3.20) がトレンド成分モデル（差分方程式）である．式

---

7) 時点を t とするとトレンド成分モデルの t と紛らわしいため，ここでは時点を n で表している．3.2 節，3.3 節で具体的なモデルを考える場合は同様の表記をしている．

(3.20) 中の $c_i^{(k)}$ の右肩 (k) はトレンド成分の次数に応じて変化する係数であることを意味している．トレンド成分モデルについては 2 次のトレンドモデル $(t_n = 2t_{n-1} - t_{n-2} + v_{n1})$ を適用した場合について考えると，$\boldsymbol{x}_n$ および係数行列は以下のように定義できる．

$$\boldsymbol{x}_n = \begin{bmatrix} t_n \\ t_{n-1} \end{bmatrix}, \quad \boldsymbol{F} = \begin{bmatrix} 2 & -1 \\ 1 & 0 \end{bmatrix}, \quad \boldsymbol{G} = \begin{bmatrix} 1 \\ 0 \end{bmatrix}, \quad \boldsymbol{H}' = \begin{bmatrix} 1 \\ 0 \end{bmatrix} \tag{3.21}$$

また，システムノイズ $\boldsymbol{v}_n = v_{n1}$ と観測ノイズ $\boldsymbol{w}_n = w_n$ はスカラであるため，$\boldsymbol{Q} = \tau_1^2$，$\boldsymbol{R} = \sigma^2$ として考えればよい．そして，これらを式 (3.6)，(3.7) に適用する．σ^2 はフィルタ操作の過程で解析的に求めることが可能である．

Pykalman によるトレンドの推定モデル構築の例

本節では Pykalman ライブラリを用いた例を示す．ここまで例で使用してきた StatsModels に実装されている `statsmodels.tsa.kalmanf.kalmanfilter.KalmanFilter` ではなく，Pykalman を選択した理由は以下のとおりである．

- 推移行列などを独自に設計して引数として渡せるため，StatsModels より柔軟にモデルを構築できる
- 1 期先予測およびオンラインアップデートメソッドが実装されており，実業務で使いやすい
- ドキュメントが十分に整備されており学習コストが低い

ライブラリは `pip` で以下のようにインストールできる．

```
$ pip install pykalman
```

本節でも旅客機の乗客数データ（1.4 節）を用いた例を示す．念のためデータの読み出し方法と系列データのプロット（図 3.4）を再掲する．

```python
import requests
import io

url = "https://www.analyticsvidhya.com/wp-content/uploads/2016/02/AirPassengers.csv"
stream = requests.get(url).content
df_content = pd.read_csv(io.StringIO(stream.decode('utf-8')))
df_content['Month'] = \
    pd.to_datetime(df_content['Month'], infer_datetime_format=True)
y = pd.Series(df_content["#Passengers"].values, index=df_content['Month'])
y = y.astype('f')
y.plot()
```

96   3.2 線形ガウス型モデルの設計と解析

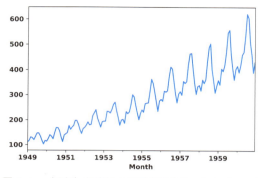

図 3.4　（再掲）旅客機の月間乗客数データのプロット

続いて，Pykalman の KalmanFilter がとる引数について説明する．主要な引数は以下である．

- `n_dim_obs`：観測値の次元数（ℓ）
- `n_dim_state`：状態の次元数（k）
- `initial_state_mean`：状態の平均値ベクトルの初期値（$\boldsymbol{x}_0$：k 次元）
- `initial_state_covariance`：状態の分散共分散行列の初期値（$\boldsymbol{V}_0$：$k \times k$ 次元）
- `transition_matrices`：推移行列（$\boldsymbol{F}$：$k \times k$ 次元）
- `observation_matrices`：観測行列（$\boldsymbol{H}$：$\ell \times k$ 次元）
- `observation_covariance`：観測ノイズ w の分散共分散行列（$\boldsymbol{R}$：$\ell \times \ell$ 次元．観測値が 1 次元の場合はスカラ）
- `transition_covariance`：システムノイズ v の分散共分散行列（$\boldsymbol{Q}$：$m \times m$ 次元）

なお，括弧内に示した次元数は観測データが 1 次元の場合のトレンド予測モデルに対応した次元数である．まず，引数のうち `n_dim_state`，`F`，`H`，`Q` を作成する関数を作っておく．

```
# 推移行列などの初期化
def FGHset(n_dim_trend, n_dim_obs=1, n_dim_series=0, Q_sigma2=10):
    n_dim_Q = (n_dim_trend!=0) + (n_dim_series!=0)
    if n_dim_series>0:
        n_dim_state = n_dim_trend + n_dim_series - 1
    else:
        n_dim_state = n_dim_trend

    # 各種行列の初期化
    G = np.zeros((n_dim_state, n_dim_Q))
```

```python
F = np.zeros((n_dim_state, n_dim_state))
H = np.zeros((n_dim_obs, n_dim_state))
Q = np.eye(n_dim_Q) * Q_sigma2

# 各行列のトレンド成分に対するブロック行列を構築
G[0,0] = 1
H[0,0] = 1


# トレンドモデルの推移行列の構築
if n_dim_trend==1:
    F[0,0] = 1
elif n_dim_trend==2:
    F[0,0] = 2
    F[0,1] = -1
    F[1,0] = 1
elif n_dim_trend==3:
    F[0,0] = 3
    F[0,1] = -3
    F[0,2] = 1
    F[1,0] = 1
    F[2,1] = 1


# PyKalman の Q は G.dot(Q).dot(G.T) を想定しているため Q を update
Q = G.dot(Q).dot(G.T)


return n_dim_state, F, H, Q
```

続いて，観測値の次元数，トレンドの次数（階差の次数）を定義し，先ほど作成した
FGHset 関数で状態の次元数などを定義する．

```python
# 観測値の次元数
n_dim_obs = 1
# トレンドの次元数
n_dim_trend = 2

# 推移行列などの定義
n_dim_state, F, H, Q = FGHset(n_dim_trend, n_dim_obs)
```

ここまでで定義した値を KalmanFilter の引数に渡し，カルマンフィルタを用いたトレン

98   3.2　線形ガウス型モデルの設計と解析

ドの推定モデルを定義する.

```python
from pykalman import KalmanFilter

# 状態の平均値ベクトルの初期値
initial_state_mean = np.zeros(n_dim_state)
# 状態の分散共分散行列の初期値
initial_state_covariance = np.ones((n_dim_state, n_dim_state))

# カルマンフィルタのモデル生成
kf = KalmanFilter(
    # l：観測値の次元数
    n_dim_obs=n_dim_obs,
    # k：状態の次元数
    n_dim_state=n_dim_state,
    # x_0：状態の平均値ベクトルの初期値（k 次元）
    initial_state_mean=initial_state_mean,
    # V_0：状態の分散共分散行列の初期値（k × k 次元）
    initial_state_covariance=initial_state_covariance,
    # F：推移行列（k × k 次元）
    transition_matrices=F,
    # H：観測行列（l × k 次元）
    observation_matrices=H,
    # R：観測ノイズ w の分散共分散行列（l × l 次元．観測値が 1 次元の場合はスカラ）
    observation_covariance=1.0,
    # Q：システムノイズ v の分散共分散行列（m × m 次元）
    transition_covariance=Q)
```

次にデータを訓練データと長期予測時の比較データに分割しておく.

```python
# 前半 120 時点を学習データに 121 時点以降のデータを検証用に使用
n_train = 120
train, test = y.values[:n_train], y.values[n_train:]
```

次にフィルタと平滑化の適用について説明する．フィルタのみの場合でもフィルタと平滑化
の実行の場合でも単に訓練データを入力すれば，状態の平均と分散共分散行列が返ってくる.

```python
# フィルタ
filtered_state_means, filtered_state_covs = kf.filter(train)
# フィルタ＋平滑化
smoothed_state_means, smoothed_state_covs = kf.smooth(train)
```

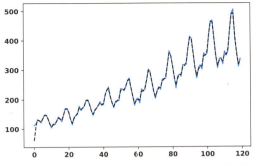 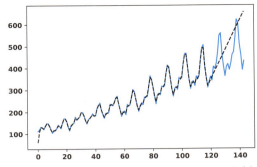

図 3.5 トレンド推定モデルによる予測結果（実線：原系列，破線：トレンド推定モデルによる予測）　　図 3.6 トレンド推定モデルによる長期予測（実線：原系列，破線：トレンド推定モデルによる予測）

各時点での状態の平均が計算されるので，学習に用いた 120 時点における推定値は観測行列を用いて以下で計算できる．

```
pred_o_smoothed = smoothed_state_means.dot(H.T)
```

原系列とカルマンフィルタを用いたトレンド推定モデルの推定結果を図 3.5 に表示する．

```
plt.plot(train, label="observation")
plt.plot(pred_o_smoothed, '--', label="predict")
```

121 時点以降について長期予測を以下のように実施し，結果を図 3.6 に表示する．

```
plt.plot(y.values, label="observation")

# 長期予測格納用のベクトルを用意（値はすべて入れ替わるため 0 で初期化しなくてよい）
pred_y = np.empty(len(test))

# 現在の状態と分散共分散行列を取得
current_state = smoothed_state_means[-1]
current_cov = smoothed_state_covs[-1]
for i in range(len(test)):
    # filter_update は観測値を入力しなければ 1 期先予測のみを実行する
    current_state, current_cov = kf.filter_update(current_state,
                                                  current_cov,
                                                  observation=None)
    pred_y[i] = kf.observation_matrices.dot(current_state)
```

```
plt.plot(np.hstack([pred_o_smoothed.flatten(), pred_y]), '--', label="forecast")
```

季節性の循環成分があるため，当然トレンド推定だけではうまく予測ができない．ここまでで，`Pykalman` の `KalmanFilter` の使い方を理解いただけたと思う．次項では季節成分を考慮した季節調整モデルについて説明する．

3.2.2 季節調整モデル

季節調整については，第 1 章および 2.6 節を思い出してほしい．加法型季節調整モデルとして以下のシステムを考える．

$$y_n = t_n + s_n + w_n, \quad w_n \sim \mathrm{N}(0, \sigma^2) \tag{3.22}$$

$$t_n = \sum_{i=1}^{k} c_i^{(k)} t_{n-i} + v_{n1}, \quad v_{n1} \sim \mathrm{N}(0, \tau_1^2) \tag{3.23}$$

$$s_n = -\sum_{i=1}^{p-1} s_{n-i} + v_{n2}, \quad v_{n2} \sim \mathrm{N}(0, \tau_2^2) \tag{3.24}$$

式 (3.22)，(3.23)，(3.24) はそれぞれ，観測モデル，トレンド成分モデル，季節成分モデルである．各モデルのノイズは，互いに独立なホワイトノイズであるとする．この場合，システム全体における状態は $\boldsymbol{x}_n = (t_n, t_{n-1}, \ldots, t_{n-k+1}, s_n, s_{n-1}, \ldots, s_{n-p+2})'$ となる．ここで，トレンド成分モデルに関する係数行列を $\boldsymbol{F}_1$，$\boldsymbol{G}_1$，$\boldsymbol{H}_1$ とし，季節成分モデルに関する係数行列を $\boldsymbol{F}_2$，$\boldsymbol{G}_2$，$\boldsymbol{H}_2$ とする．この場合，式 (3.6)，(3.7) における係数行列 $\boldsymbol{F}$，$\boldsymbol{G}$，$\boldsymbol{H}$ は次で表現される．

$$\boldsymbol{F} = \begin{bmatrix} \boldsymbol{F}_1 & \boldsymbol{0} \\ \boldsymbol{0} & \boldsymbol{F}_2 \end{bmatrix}, \quad \boldsymbol{G} = \begin{bmatrix} \boldsymbol{G}_1 & \boldsymbol{0} \\ \boldsymbol{0} & \boldsymbol{G}_2 \end{bmatrix}, \quad \boldsymbol{H}' = \begin{bmatrix} \boldsymbol{H}_1' \\ \boldsymbol{H}_2' \end{bmatrix} \tag{3.25}$$

ただし，$\boldsymbol{0}$ はゼロ行列である．トレンド成分モデルはここでも 2 次のトレンドを考えるため係数行列は前項と同じになる．季節成分モデルの係数行列は次式で与えられる．

$$\boldsymbol{F}_2 = \begin{bmatrix} -1 & -1 & \cdots & \cdots & -1 \\ 1 & 0 & \cdots & \cdots & 0 \\ 0 & 1 & \ddots & & \vdots \\ \vdots & \ddots & \ddots & \ddots & \vdots \\ 0 & \cdots & 0 & 1 & 0 \end{bmatrix}, \quad \boldsymbol{G}_2 = \begin{bmatrix} 1 \\ 0 \\ 0 \\ \vdots \\ 0 \end{bmatrix}, \quad \boldsymbol{H}_2' = \begin{bmatrix} 1 \\ 0 \\ 0 \\ \vdots \\ 0 \end{bmatrix} \tag{3.26}$$

季節変動の周期 p はデータの種類（四半期データ，月次データなど）によって手動で決めればよい．以下に旅客機乗客データにトレンド推定モデルを適用した結果を示す．

Pykalman による季節調整モデル構築の例

ここでも旅客機乗客データ（1.4 節）を用いる．データの読み出しの記載は前項と同様のため割愛し，トレンド推定モデルとの差分を中心に説明する．

季節調整モデルでは n_dim_state，F，H，Q がトレンド推定モデルと異なるため，関数を作成しなおす．

```python
# 推移行列などの初期化
def FGHset(n_dim_trend, n_dim_obs=1, n_dim_series=0, Q_sigma2=10):
    n_dim_Q = (n_dim_trend!=0) + (n_dim_series!=0)
    if n_dim_series>0:
        n_dim_state = n_dim_trend + n_dim_series - 1
    else:
        n_dim_state = n_dim_trend

    # 各種行列の初期化
    G = np.zeros((n_dim_state, n_dim_Q))
    F = np.zeros((n_dim_state, n_dim_state))
    H = np.zeros((n_dim_obs, n_dim_state))
    Q = np.eye(n_dim_Q) * Q_sigma2

    # トレンドモデルのブロック行列の構築
    G[0,0] = 1
    H[0,0] = 1
    if n_dim_trend==1:
        F[0,0] = 1
    elif n_dim_trend==2:
        F[0,0] = 2
        F[0,1] = -1
        F[1,0] = 1
    elif n_dim_trend==3:
        F[0,0] = 3
        F[0,1] = -3
        F[0,2] = 1
        F[1,0] = 1
        F[2,1] = 1
```

```
        start_elem = n_dim_trend
        start_col = n_dim_trend
        # 季節調整成分のブロック行列の構築
        if n_dim_series>0:
            G[start_elem, 1] = 1
            H[0, start_elem] = 1
            for i in range(n_dim_series-1):
                F[start_elem, start_elem+i] = -1
            for i in range(n_dim_series-2):
                F[start_elem+i+1, start_elem+i] = 1

        # PyKalman の Q は G.dot(Q).dot(G.T) を想定しているため Q を update
        Q = G.dot(Q).dot(G.T)

        return n_dim_state, F, H, Q
```

　続いて，観測値の次元数，トレンドの次数（階差の次数），季節成分の次元数を定義し，先ほど作成した **FGHset** 関数で状態の次元数などを定義する．

```
# 観測値の次元数
n_dim_obs = 1
# トレンドの次元数
n_dim_trend = 2
# 季節成分の次元数
n_dim_series = 12

# 推移行列などの定義
n_dim_state, F, H, Q = FGHset(n_dim_trend, n_dim_obs, n_dim_series)
```

　ここまでで定義した値を **KalmanFilter** の引数として渡し，カルマンフィルタを用いた季節調整モデルを定義する．

```
# 状態の平均値ベクトルの初期値
initial_state_mean = np.zeros(n_dim_state)
# 状態の分散共分散行列の初期値
initial_state_covariance = np.ones((n_dim_state, n_dim_state))

# カルマンフィルタのモデル生成
kf = KalmanFilter(
```

```python
    # l：観測値の次元数
    n_dim_obs=n_dim_obs,
    # k：状態の次元数
    n_dim_state=n_dim_state,
    # x_0：状態の平均値ベクトルの初期値（k 次元）
    initial_state_mean=initial_state_mean,
    # V_0：状態の分散共分散行列の初期値（k × k 次元）
    initial_state_covariance=initial_state_covariance,
    # F：推移行列（k × k 次元）
    transition_matrices=F,
    # H：観測行列（l × k 次元）
    observation_matrices=H,
    # R：観測ノイズ w の分散共分散行列（l × l 次元．観測値が 1 次元の場合はスカラ）
    observation_covariance=1.0,
    # Q：システムノイズ v の分散共分散行列（m × m 次元）
    transition_covariance=Q)
```

次に原系列を分割した訓練データに対して フィルタ＋平滑化 を実行し推定値を計算する．

```python
# フィルタ＋平滑化
smoothed_state_means, smoothed_state_covs = kf.smooth(train)
pred_o_smoothed = smoothed_state_means.dot(H.T)
plt.plot(train, label="observation")
plt.plot(pred_o_smoothed, '--', label="predict")
```

図 3.7 をみると，トレンド推定モデルのときと同じように，訓練データへのあてはめについてはうまくいっている．次に，121 時点以降について長期予測を以下のように実施し，結果を表示する（図 3.8 参照）．

```python
plt.plot(y.values, label="observation")

pred_y = np.empty(len(test))
current_state = smoothed_state_means[-1]
current_cov = smoothed_state_covs[-1]
for i in range(len(test)):
    current_state, current_cov = kf.filter_update(current_state,
                                                  current_cov,
                                                  observation=None)
    pred_y[i] = kf.observation_matrices.dot(current_state)
```

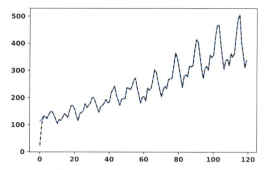
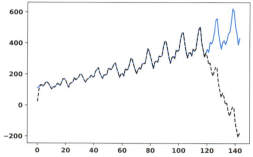

図 3.7 季節調整モデルによる予測結果（実線：原系列，破線：季節調整モデルによる予測）

図 3.8 季節調整モデルによる長期予測（実線：原系列，破線：季節調整モデルによる予測）

```
plt.plot(np.hstack([pred_o_smoothed.flatten(), pred_y]), '--', label="forecast")
```

図 3.8 をみると，うまく長期予測ができていない．これは，モデルインスタンスを作る前に作成した F，H，Q のそれぞれの行列がデータと合っていなかったためである．そこで，後述する EM アルゴリズムを用いて F，H，Q についてハイパーパラメタ最適化をする．幸い Pykalman の KalmanFilter では EM アルゴリズムによる最適化の関数が用意されているため，以下のように簡単に実行できる．

```
# 繰り返し回数は 10 回
# ハイパーパラメタ更新の対象は F, H, Q, R
emed_kf = kf.em(train, n_iter=10, em_vars='all')
```

ハイパーパラメタ最適化を行った後の推定結果を図 3.9 に示す．図 3.8 と比較すると，うまく推定できていることがわかる．F，H，Q がどのように変化したのかについては各自確認してほしい．

原系列，推定されたトレンド成分および季節成分の結果を図 3.10 に示す．以下のように実行する．

```
# ハイパーパラメタ F, H, Q, R 更新後の平滑化系列
em_smoothed_state_means, em_smoothed_state_covs = emed_kf.smooth(train)

# 階差
diff = 2

# トレンド成分
```

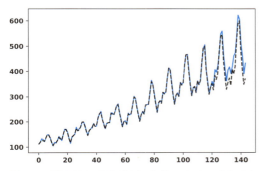

図 3.9 EM アルゴリズムによるハイパーパラメタ最適化後の季節調整モデルによる長期予測（実線：原系列，破線：季節調整モデルによる予測）

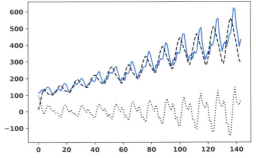

図 3.10 EM アルゴリズムによるハイパーパラメタ最適化後の季節調整モデルの各成分の推定結果（実線：原系列，破線：トレンド成分，点線：季節成分）

```python
# トレンド成分では階差の次数分の状態が対象
t_em_pred_o_smoothed = np.dot(em_smoothed_state_means[:, :diff],
                              emed_kf.observation_matrices[:, :diff].T)
# 季節成分
# 季節成分は状態ベクトルにおいてトレンド成分以降の要素が対象
s_em_pred_o_smoothed = np.dot(em_smoothed_state_means[:, diff:],
                              emed_kf.observation_matrices[:, diff:].T)


current_state = em_smoothed_state_means[-1]
current_cov = em_smoothed_state_covs[-1]


# トレンド成分と季節成分の長期予測値を格納するベクトルを用意
t_pred_y = np.empty(len(test))
s_pred_y = np.empty(len(test))
# トレンド成分および季節成分の長期予測
for i in range(len(test)):
    current_state, current_cov = emed_kf.filter_update(current_state,
                                                       current_cov,
                                                       observation=None)
    t_pred_y[i] = \
        emed_kf.observation_matrices[:, :diff].dot(current_state[:diff])
    s_pred_y[i] = \
        emed_kf.observation_matrices[:, diff:].dot(current_state[diff:])

plt.plot(y.values, label="observation")
plt.plot(np.hstack([t_em_pred_o_smoothed.flatten(), t_pred_y]),
         '--', label="trend")
```

```python
plt.plot(np.hstack([s_em_pred_o_smoothed.flatten(), s_pred_y]),
         ':', label="seasonal")

# トレンド成分＋季節成分の表示をしたい場合は以下のコメントアウトを外す
# plt.plot(
#     np.hstack([
#         s_em_pred_o_smoothed.flatten()+t_em_pred_o_smoothed.flatten(),
#         s_pred_y+t_pred_y]),
#     '+-', label="forecast")
```

　上で説明したように状態空間モデルの利点は，成分分解が簡単にできることおよび拡張性が高いことである．EM アルゴリズムでハイパーパラメタを調整した季節調整モデルでは一見うまく推定ができているように見える．しかし，トレンド成分に循環変動が混ざっており，かつ，季節成分の形状も不自然であるため，トレンド成分と季節成分だけでは適切なモデリングができていないことがわかる．次項では，季節成分以外の循環変動成分を分解するために AR 成分をモデルに加える．

3.2.3　AR 成分付き季節調整モデル

　時系列データにはトレンド成分，季節成分の他に不規則な周期で変動する循環変動が含まれることも多い．前述の季節調整モデルのように，トレンド成分と季節成分だけではうまく分割できない場合は，この循環変動成分に対応することも重要になる．ここでは，循環変動成分を定常 AR モデルで表現することを考える．AR モデルが定常であれば，すべての偏自己相関 (PARCOR) の絶対値は 1 よりも小さな値であるため，PARCOR で AR モデルの定常性を判定できる．定常 AR モデルおよび AR モデルの定常性については第 2 章を思い出してほしい．この性質を利用し，後述する数理最適化では AR 成分の係数を $(-1, 1)$ の範囲で制約する．

　新たに循環変動を表す成分 r_n を加え，季節調整モデルを拡張する．ここでは，r_n は定常 AR 成分である．季節調整モデルに AR 成分を導入すると，時系列 y_n と各変動成分の関係は次の式で与えられる．

$$y_n = t_n + s_n + r_n + w_n, \quad w_n \sim \mathrm{N}(0, \sigma^2) \tag{3.27}$$

$$t_n = \sum_{i=1}^{k} c_i^{(k)} t_{n-i} + v_{n1}, \quad v_{n1} \sim \mathrm{N}(0, \tau_1^2) \tag{3.28}$$

$$s_n = -\sum_{i=1}^{p-1} s_{n-i} + v_{n2}, \quad v_{n2} \sim \mathrm{N}(0, \tau_2^2) \tag{3.29}$$

$$r_n = \sum_{i=1}^{q} \phi_i r_{n-i} + v_{n3}, \quad v_{n3} \sim \mathrm{N}(0, \tau_3^2) \tag{3.30}$$

各モデルのノイズは互いに独立なホワイトノイズである．この場合，システム全体における状態は $\boldsymbol{x}_n = (t_n, t_{n-1}, \ldots, t_{n-k+1}, s_n, s_{n-1}, \ldots, s_{n-p+2}, r_n, \ldots, r_{n-q+1})'$ となる．ここで，トレンド成分モデルに関する係数行列を $\boldsymbol{F}_1$, $\boldsymbol{G}_1$, $\boldsymbol{H}_1$ とし，季節成分モデルに関する係数行列を $\boldsymbol{F}_2$, $\boldsymbol{G}_2$, $\boldsymbol{H}_2$, AR 成分モデルに関する係数行列を $\boldsymbol{F}_3$, $\boldsymbol{G}_3$, $\boldsymbol{H}_3$ とする．この場合，式 (3.6), (3.7) における係数行列 $\boldsymbol{F}$, $\boldsymbol{G}$, $\boldsymbol{H}$ は次で表現される．

$$\boldsymbol{F} = \begin{bmatrix} \boldsymbol{F}_1 & 0 & 0 \\ 0 & \boldsymbol{F}_2 & 0 \\ 0 & 0 & \boldsymbol{F}_3 \end{bmatrix}, \quad \boldsymbol{G} = \begin{bmatrix} \boldsymbol{G}_1 & 0 & 0 \\ 0 & \boldsymbol{G}_2 & 0 \\ 0 & 0 & \boldsymbol{G}_3 \end{bmatrix}, \quad \boldsymbol{H}' = \begin{bmatrix} \boldsymbol{H}_1' \\ \boldsymbol{H}_2' \\ \boldsymbol{H}_3' \end{bmatrix} \tag{3.31}$$

なお，$\boldsymbol{0}$ はゼロ行列である．トレンド成分モデルはここでも 2 次のトレンド，季節成分モデルは 12 ヶ月の循環を考えるため係数行列は前述した季節調整モデルと同じになる．AR 成分モデルの係数行列は次式で定義される．

$$\boldsymbol{F}_3 = \begin{bmatrix} \phi_1 & \phi_2 & \cdots & \cdots & \phi_q \\ 1 & 0 & \cdots & \cdots & 0 \\ 0 & 1 & \ddots & & \vdots \\ \vdots & \ddots & \ddots & \ddots & \vdots \\ 0 & \cdots & 0 & 1 & 0 \end{bmatrix}, \quad \boldsymbol{G}_3 = \begin{bmatrix} 1 \\ 0 \\ 0 \\ \vdots \\ 0 \end{bmatrix}, \quad \boldsymbol{H}_3' = \begin{bmatrix} 1 \\ 0 \\ 0 \\ \vdots \\ 0 \end{bmatrix} \tag{3.32}$$

AR 成分の次数 q は通常は AIC などの情報量規準を用いて決定するが，ここでは 2 に固定して話を進める．AR 成分の係数 ϕ_i は PARCOR を活用し数理最適化により個別に推定する．季節調整モデルで説明した EM アルゴリズムによる一括推定ではうまくいかないため，このような処理が必要となる．PARCOR と AR モデルの対応関係は以下のようになり，以下を利用して係数を推定する．いま，$q-1$ 次と q 次の AR モデルの係数をそれぞれ $\phi_i^{(q-1)}$ と $\phi_i^{(q)}$ で表す．

$$\phi_i^{(q)} = \phi_i^{(q-1)} - \phi_q^{(q)} \phi_{q-i}^{(q-1)} \quad (i = 1, \ldots, q-1)$$

$\phi_q^{(q)}$ は q 次の PARCOR と呼ばれる．q 次の AR モデルについて q 次までのすべての PARCOR が与えられると，上式の関係の逐次適用により 2 次から q 次までの AR モデルの係数が求められる．PARCOR と AR モデルの関係の詳細は文献 [15] を参照してほしい．以下に旅客機乗客データに AR 戎分付き季節調整モデルを適用した結果を示す．

108   3.2 線形ガウス型モデルの設計と解析

Pykalman による AR 成分付き季節調整モデル構築の例

ここでも旅客機乗客データ（1.4 節）を用いる．大部分は季節調整モデルと同様のため割愛し，季節調整モデルとの差分を中心に説明する．

AR 成分付き季節調整モデルでは n_dim_state，F，H，Q が季節調整モデルと異なるため，関数を作成しなおす．

```python
# 推移行列などの初期化
def FGHset(n_dim_trend,
           n_dim_obs=1, n_dim_series=0, n_dim_ar=0, Q_sigma2=10):
    n_dim_Q = (n_dim_trend!=0) + (n_dim_series!=0) + (n_dim_ar!=0)
    if n_dim_series>0 or n_dim_ar>0:
        n_dim_state = n_dim_trend + n_dim_series + n_dim_ar - 1
    else:
        n_dim_state = n_dim_trend

    G = np.zeros((n_dim_state, n_dim_Q))
    F = np.zeros((n_dim_state, n_dim_state))
    H = np.zeros((n_dim_obs, n_dim_state))
    Q = np.eye(n_dim_Q) * Q_sigma2

    ## トレンドモデルのブロック行列の構築
    G[0,0] = 1
    H[0,0] = 1
    if n_dim_trend==1:
        F[0,0] = 1
    elif n_dim_trend==2:
        F[0,0] = 2
        F[0,1] = -1
        F[1,0] = 1
    elif n_dim_trend==3:
        F[0,0] = 3
        F[0,1] = -3
        F[0,2] = 1
        F[1,0] = 1
        F[2,1] = 1

    start_elem = n_dim_trend
    start_col = n_dim_trend
    # 季節調整成分のブロック行列の構築
```

```python
    if n_dim_series>0:
        G[start_elem, 1] = 1
        H[0, start_elem] = 1
        for i in range(n_dim_series-1):
            F[start_elem, start_elem+i] = -1
        for i in range(n_dim_series-2):
            F[start_elem+i+1, start_elem+i] = 1


        start_elem = n_dim_trend + n_dim_series - 1
        start_col = n_dim_trend + n_dim_series - 1

    # AR 成分のブロック行列の構築
    if n_dim_ar>0:
        G[start_elem, 2] = 1
        H[0, start_elem] = 1
        for i in range(n_dim_ar):
            F[start_elem, start_elem+i] = 0.5
        for i in range(n_dim_ar-1):
            F[start_elem+i+1, start_elem+i] = 1


    # PyKalman の Q は G.dot(Q).dot(G.T) を想定しているため Q を update
    Q = G.dot(Q).dot(G.T)

    return n_dim_state, F, H, Q
```

　続いて，観測値の次元数，トレンドの次数（階差の次数），季節成分の次元数，AR 成分の次数を定義し，先ほど作成した **FGHset** 関数で状態の次元数などを定義する．

```python
# 観測値の次元数
n_dim_obs = 1
# トレンドの次元数
n_dim_trend = 2
# 季節成分の次元数
n_dim_series = 12
# AR 成分の次元数
n_dim_ar = 2

# 推移行列などの定義
n_dim_state, F, H, Q = FGHset(n_dim_trend, n_dim_obs, n_dim_series, n_dim_ar)
```

110   3.2 線形ガウス型モデルの設計と解析

ここまでで定義した値を KalmanFilter の引数として渡し，カルマンフィルタを用いた推定モデルを定義する．

```python
# 状態の平均値ベクトルの初期値
initial_state_mean = np.zeros(n_dim_state)
# 状態の分散共分散行列の初期値
initial_state_covariance = np.ones((n_dim_state, n_dim_state))


# カルマンフィルタのモデル生成
kf = KalmanFilter(
    # l：観測値の次元数
    n_dim_obs=n_dim_obs,
    # k：状態の次元数
    n_dim_state=n_dim_state,
    # x_0：状態の平均値ベクトルの初期値（k 次元）
    initial_state_mean=initial_state_mean,
    # V_0：状態の分散共分散行列の初期値（k × k 次元）
    initial_state_covariance=initial_state_covariance,
    # F：推移行列（k × k 次元）
    transition_matrices=F,
    # H：観測行列（l × k 次元）
    observation_matrices=H,
    # R：観測ノイズ w の分散共分散行列（l × l 次元．観測値が 1 次元の場合はスカラ）
    observation_covariance=1.0,
    # Q：システムノイズ v の分散共分散行列（m × m 次元）
    transition_covariance=Q)
```

次に原系列を分割した訓練データに対してフィルタ＋平滑化を実行し推定値の計算をする．

```python
# フィルタ＋平滑化
smoothed_state_means, smoothed_state_covs = kf.smooth(train)
pred_o_smoothed = smoothed_state_means.dot(H.T)
plt.plot(train, label="observation")
plt.plot(pred_o_smoothed, '--', label="predict")
```

図 3.11 をみると今までどおり，ハイパーパラメタ調整をしなくても訓練データへのあてはめについてはうまくいっている．次にハイパーパラメタの最適化を実行する．最適化にあたっ

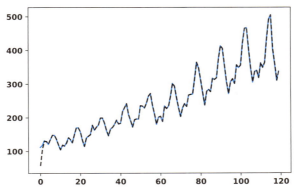

図 3.11 AR 成分付き季節調整モデルによる予測結果（実線：原系列，破線：AR 成分付き季節調整モデルによる予測）

ては，scipy.optimize モジュールの minimize 関数を使用する[8]．

```
from scipy.optimize import minimize
import copy

def ar_coef(parcor, n_dim_ar):
    ar_hat = np.zeros(n_dim_ar)
    am = np.zeros(n_dim_ar)
    if n_dim_ar==1:
        ar_hat = parcor
    else:
        for i in range(n_dim_ar):
            ar_hat[i] = parcor[i]
            am[i] = parcor[i]
            if i > 0:
                for j in range(i-1):
                    # m 次の j 番目の係数の算出
                    # am[j] は m-1 次の j 番目の係数
                    # am[i-j] は m-j 次の m-j 番目の係数
                    ar_hat[j] = am[j] - parcor[i]*am[i-j]
                if i < n_dim_ar-1:
                    for j in range(i-1):
                        am[j] = ar_hat[j]
    return ar_hat
```

---

[8] "masked arrays are not supported" というエラーが発生した場合は https://github.com/pykalman/pykalman/issues/83 などを参照して Pykalman のコードを修正してほしい．

112   3.2 線形ガウス型モデルの設計と解析

```python
# AR 係数最適化のための対数尤度の計算
def ar_n_minimize_likelihood(target, kf, train,
                             idx_target_parcor, st_row, st_col):
    kf.transition_matrices[st_row, st_col+idx_target_parcor] = target
    kf.smooth(train)
    return -kf.loglikelihood(train)


# システムノイズの分散共分散行列最適化のための対数尤度の計算
def Q_minimize_likelihood(targets, kf, train, target_idx):
    for i, (r,c) in enumerate(target_idx):
        kf.transition_covariance[r, c] = targets[i]
    kf.smooth(train)
    return -kf.loglikelihood(train)


n_q = 2
# トレンド成分，季節成分，AR 成分の分散の最適化の範囲
q_bnds = ((1e-4, 1e3), ) * (n_q) + ((1e-4, 5e1), )
# AR 成分の最適化の範囲
ar_bnds = ((-0.95, 0.95), )
# 行列 G の AR 成分成分の位置
st_row = n_dim_trend + n_dim_series -1
st_col = n_dim_trend + n_dim_series -1
# 最適化の繰り返し回数
n_iter = 2


# ハイパーパラメタ調整前のモデルを残すためにオブジェクトをコピーしておく
q_kf = copy.deepcopy(kf)


# AR 成分を個別に最適化
for idx_target_parcor in range(n_dim_ar):
    ar_idx_end = st_col + idx_target_parcor
    for i_opt in range(n_iter):
        if idx_target_parcor > 0:
            ar_args = q_kf.transition_matrices[st_row,
                                               st_col:ar_idx_end]
            ar_cov = [q_kf.transition_covariance[st_row+i, st_col+i]
                      for i in range(idx_target_parcor)]

        if i_opt==0:
```

```python
        q_kf = copy.deepcopy(kf)

if idx_target_parcor > 0:
    q_kf.transition_matrices[st_row, st_col:ar_idx_end] = ar_args
    for i in range(idx_target_parcor):
        q_kf.transition_covariance[st_row+i, st_col+i] = ar_cov[i]


args = (q_kf, train, idx_target_parcor, st_row, st_col)
# 対象の parcor の係数の最適化
minimize(ar_n_minimize_likelihood,
         (0.,),
         args=args,
         method='SLSQP',
         bounds=ar_bnds)


q_args = (q_kf, train, [(st_row, st_col)])
# AR 成分の分散共分散行列の要素の最適化
minimize(Q_minimize_likelihood,
         (0., ),
         args=q_args,
         method='SLSQP',
         bounds=(q_bnds[2],))


q_args = (q_kf, train, [(n_dim_trend, n_dim_trend)])
# 季節成分の分散共分散行列の要素の最適化
minimize(Q_minimize_likelihood,
         (0.,),
         args=q_args,
         method='SLSQP',
         bounds=(q_bnds[1],))


q_args = (q_kf, train, [(0, 0)])
# トレンド成分の分散共分散行列の要素の最適化
minimize(Q_minimize_likelihood,
         (0.,),
         args=q_args,
         method='SLSQP',
         bounds=(q_bnds[0],))
```

```
        if idx_target_parcor==0:
            q_kf.transition_matrices[st_row, st_col] = \
                ar_coef(q_kf.transition_matrices[st_row, st_col], 1)
        else:
            q_kf.transition_matrices[st_row, st_col:ar_idx_end+1] = \
                ar_coef(q_kf.transition_matrices[st_row,
                                                 st_col:ar_idx_end+1],
                    idx_target_parcor+1)
```

　ここで，AR モデルにおける PARCOR は関連しないため個別に推定できる，という考え
を利用している．同一モデル内の AR 成分は関連性があるため同時に推定する必要があるが，
PARCOR は個別に計算できるため計算量を大きく削減することができる．コード中で使用し
ている数理最適化手法の逐次二次計画法 (SQP) については，文献 [9] などを参考にしてほしい．
　ここまでで推移行列とシステムノイズが固定できた．ここでも，ハイパーパラメタを最適化
したモデルを残しておくためにオブジェクトをコピーしておく．パラメタ値の確認をしたり，
再利用する必要がない場合はこのコードは不要である．

```
optmed_q_kf = copy.deepcopy(q_kf)
```

　次に，121 時点以降について長期予測を以下のように実施し，結果を表示する．

```
optm_smoothed_state_means, optm_smoothed_state_covs = optmed_q_kf.smooth(train)
optm_pred_o_smoothed = np.dot(optm_smoothed_state_means,
                             optmed_q_kf.observation_matrices.T)

current_state = optm_smoothed_state_means[-1]
current_cov = optm_smoothed_state_covs[-1]

pred_y = np.empty(len(test))
for i in range(len(test)):
    current_state, current_cov = optmed_q_kf.filter_update(current_state,
                                                           current_cov,
                                                           observation=None)
    pred_y[i] = kf.observation_matrices.dot(current_state)

plt.plot(y.values, label="observation")
plt.plot(np.hstack([optm_pred_o_smoothed.flatten(), pred_y]),
        '--', label="forecast")
```

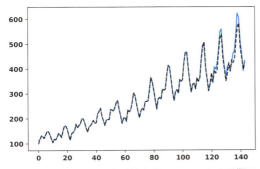
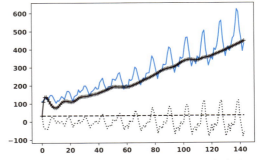

図 3.12　AR 成分付き季節調整モデルによる長期予測（実線：原系列，破線：AR 成分付き季節調整モデルによる予測）

図 3.13　AR 成分付き季節調整モデルの各成分の推定結果（実線：原系列，破線：トレンド成分，点線：季節成分，＋線：AR 成分）

図 3.12 をみると，長期予測も比較的うまくいっている．最後に原系列，推定されたトレンド成分，季節成分および AR 成分を図 3.13 に示す．季節調整モデルと比較して季節成分が適切に分解ができていることがわかる．

3.2.4　信用区間の計算

ベイズ型統計モデルの良い点のひとつは点推定ではなく分布の推定ができることである．カルマンフィルタでは，状態の平均 $x_{\cdot|\cdot}$ および分散 $V_{\cdot|\cdot}$ を逐次的に求めることが目的であったことを思い出してほしい．カルマンフィルタでは状態の分散はすでにモデル内で計算されているため，計算済みの分散を使用することで簡単に**信用区間** (credible interval) の計算ができる．以下に季節調整モデルにおける 95% 信用区間の推定方法についてコードの例を示す．

`em_smoothed_state_covs` は EM アルゴリズムでハイパーパラメタを最適化した後，平滑化をした全訓練時点分の状態の分散共分散行列が格納されたオブジェクトとする．

```
from scipy.stats import norm

# n_train は訓練時点数
n_train = len(em_smoothed_state_covs)

# y_t の予測分布の分散
pred_cov = \
    emed_kf.observation_matrices.dot(np.abs(em_smoothed_state_covs)) \
                                .transpose(1,0,2) \
                                .dot(emed_kf.observation_matrices.T)
```

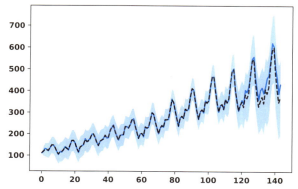

図 **3.14** 季節調整モデルにおける 95% 信用区間（実線：原系列，破線：推定値，塗りつぶし領域：95% 信用区間）

```
# y_t の予測分布の平均
pred_mean = em_smoothed_state_means.dot(emed_kf.observation_matrices.T)

# 訓練データにおける推定値の 95%信用区間の上下限
lower, upper = norm.interval(0.95,
                             pred_mean.flatten(),
                             scale=np.sqrt(pred_cov.flatten()))
```

次に長期予測における信用区間を計算し表示する．結果は図 3.14 のようになる．時点 121 以降で区間の幅が大きく広がっていることがわかる．これは以下で再掲した 1 期先予測の式を思い出してもらえば，なぜ区間が広くなるかが理解できるだろう．

$$V_{t|t-1} = F_t V_{t-1|t-1} F_t' + G_t Q_t G_t'$$

区間の幅が大きく広がっている，ということは直観的には推定の信頼性が低いことを意味する．

```
# 階差
diff = n_dim_trend
se = n_dim_trend + n_dim_series - 1
# トレンド成分
t_em_pred_o_smoothed = np.dot(em_smoothed_state_means[:, :diff],
                              emed_kf.observation_matrices[:, :diff].T)
# 季節成分
s_em_pred_o_smoothed = np.dot(em_smoothed_state_means[:, diff:se],
                              emed_kf.observation_matrices[:, diff:se].T)
```

```python
current_state = em_smoothed_state_means[-1]
current_cov = em_smoothed_state_covs[-1]


# 訓練データ数
n_test = len(test)
# 長期予測系列を保存するベクトル
# トレンド成分
t_pred_y = np.empty(n_test)
# 季節成分
s_pred_y = np.empty(n_test)
# 95%信用区間の下限
inf_lower = np.empty(n_test)
# 95%信用区間の上限
inf_upper = np.empty(n_test)
# トレンド成分および季節成分の長期予測
for i in range(len(test)):
    current_state, current_cov = emed_kf.filter_update(current_state,
                                                       current_cov,
                                                       observation=None)

    t_pred_y[i] = \
        emed_kf.observation_matrices[:, :diff].dot(current_state[:diff])
    s_pred_y[i] = \
        emed_kf.observation_matrices[:, diff:se].dot(current_state[diff:se])


    # y_t の予測分布の分散
    pred_cov = \
        emed_kf.observation_matrices.dot(np.abs(current_cov)) \
                                   .dot(emed_kf.observation_matrices.T)
    # y_t の予測分布の平均
    pred_mean = current_state.dot(emed_kf.observation_matrices.T)
    inf_lower[i], inf_upper[i] = norm.interval(0.95,
                                               pred_mean,
                                               scale=np.sqrt(pred_cov))


plt.plot(y.values, label="observation")
plt.plot(np.hstack([em_pred_o_smoothed.flatten(), t_pred_y + s_pred_y]),
         '--', label="forecast")
all_lower = np.hstack([lower, inf_lower])
all_upper = np.hstack([upper, inf_upper])
```

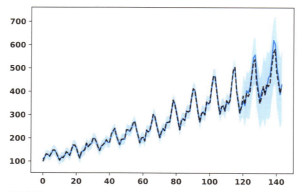

図 3.15　AR 成分付き季節調整モデルにおける 95% 信用区間（実線：原系列，破線：推定値，塗りつぶし領域：95% 信用区間）

```
plt.fill_between(range(len(y.values)), all_upper, all_lower,
                 alpha=0.5, label="credible interval")
```

　AR 成分付き季節調整モデルについても同様に信用区間が計算できる．計算した結果を図 3.15 に示す．信用区間が季節調整モデルよりも狭くなっており，推定の確信度が増していることがわかる．

3.3　非線形非ガウス型モデル

　前節で説明したカルマンフィルタは柔軟性，計算速度などに優れた，非常に強力な時系列データの解析手法である．しかし，カルマンフィルタは状態の条件付き分布およびノイズがガウス分布になることを仮定しており，状態の確率分布に非ガウス性がある場合や，観測データが離散分布に従う場合は理論分布から大きく乖離してしまい妥当な結果が得られない．さらに，状態と観測値との間に線形の関係を仮定しており，それが成り立たない場合はうまく機能しないことがある．そこで，非線形性および非ガウス性に対応するために何らかの近似が必要になってくる．非ガウス型分布の近似には大きく分けて 4 つの方法が考えられ，それぞれ以下の特徴をもっている．また，イメージ図を図 3.16 に示す．

- **ガウス近似**：非ガウス型分布を 1 つのガウス分布で近似する方法．**拡張カルマンフィルタ** (EKF: extended Kalman filter) を適用した場合に相当．真の状態の分布が 2 峰以上の場合や左右非対称の場合にはよい近似とならない．

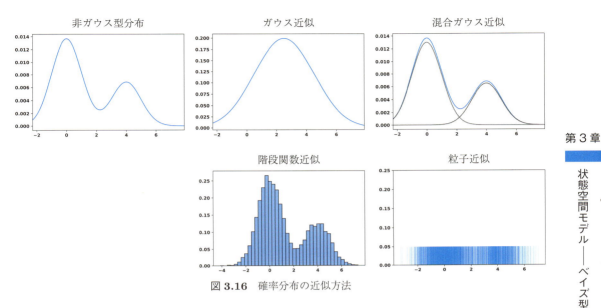

図 3.16　確率分布の近似方法

- **混合ガウス近似**：非ガウス型分布を m 個のガウス分布の和で近似する方法．予測分布やフィルタ分布もガウス分布の和で表現できるため，パラメタをカルマンフィルタで計算できるという利点がある．しかし，時間の進行とともに（逐次更新計算を繰り返すたびに）ガウス分布の項数が爆発的に増大するため計算が困難である．そのため状態ベクトルの次元が 10〜20 程度以下の問題以外には適用が難しい．

- **階段関数近似**：任意の分布を階段関数（ヒストグラム）で近似する方法．分点数を数百にすると任意の分布を高い精度で近似できる．この方法は一見よさそうであるが，ヒストグラムのすべての階級の高さをメモリーに保存する必要があり，また，周辺化する際の多重積分が計算量的に困難である．したがって，4 次元以上の状態空間モデルに対しては適応が困難である．

- **粒子近似**：独立に生成（サンプリング）した多数の粒子（実現値）を用いて分布を近似する．粒子近似では，密度関数の高さが高いところに多くの粒子が集中する．確率分布の粒子近似を行うと，各粒子の代入計算とリサンプリングによって非線形非ガウス型のフィルタおよび平滑化が実現できる．粒子近似を用いたフィルタリングアルゴリズムは**粒子フィルタ** (particle filter) と呼ばれる．粒子数 m はモデルの複雑さや必要な精度によって，数百個から数百万個程度が用いられることが多い．

本節では，非線形非ガウス型の時系列モデルに適用可能な粒子フィルタについて説明する．粒子フィルタでは，図 3.17 のように各粒子点で $1/m$ ずつステップする階段関数（経験分布関数）を作成し，真の分布関数に近似する．

120   3.3 非線形非ガウス型モデル

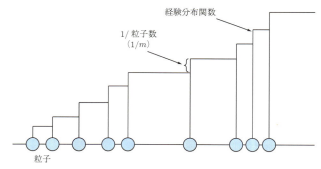

図 **3.17** 粒子近似

表 **3.1** 粒子フィルタとカルマンフィルタの分布の対応

分布	密度関数	粒子による近似
予測分布	$p(\boldsymbol{x}_t|Y_{1:t-1})$	$\{\boldsymbol{p}_t^{(1)},\ldots,\boldsymbol{p}_t^{(m)}\}$
フィルタ分布	$p(\boldsymbol{x}_t|Y_{1:t})$	$\{\boldsymbol{f}_t^{(1)},\ldots,\boldsymbol{f}_t^{(m)}\}$
平滑化分布	$p(\boldsymbol{x}_t|Y_{1:T})$	$\{\boldsymbol{s}_{t|T}^{(1)},\ldots,\boldsymbol{s}_{t|T}^{(m)}\}$
システムノイズの分布	$p(\boldsymbol{v}_t)$	$\{\boldsymbol{v}_t^{(1)},\ldots,\boldsymbol{v}_t^{(m)}\}$

3.3.1 粒子フィルタ

非線形非ガウス型モデルは以下のように表現できる．

$$\boldsymbol{x}_t = F_t(\boldsymbol{x}_{t-1}, \boldsymbol{v}_t) \tag{3.33}$$

$$\boldsymbol{y}_t = H_t(\boldsymbol{x}_t, \boldsymbol{w}_t) \tag{3.34}$$

また，前述のカルマンフィルタとの対応を表 3.1 に示す．

以下に粒子フィルタを用いた1期先予測，フィルタ，（固定区間）平滑化のアルゴリズムを記載する．

- **1 期先予測**

  当該ステップでは，1 期前の状態 $\boldsymbol{x}_{t-1}$ のフィルタ分布 $p(\boldsymbol{x}_{t-1}|Y_{1:t-1})$ に従う m 個の粒子 $\{\boldsymbol{f}_{t-1}^{(1)},\ldots,\boldsymbol{f}_{t-1}^{(m)}\}$（フィルタ分布からの実現値）と m 個のシステムノイズの粒子 $\{\boldsymbol{v}_t^{(1)},\ldots,\boldsymbol{v}_t^{(m)}\}$ が与えられているものとする．このとき新しい粒子 $\boldsymbol{p}_t$ は以下で表される．

  $$\boldsymbol{p}_t^{(j)} = \boldsymbol{x}_t = F_t(\boldsymbol{f}_{t-1}^{(j)}, \boldsymbol{v}_t^{(j)}) \tag{3.35}$$

  右肩の (j) は m 個のうちの j 個目の粒子であることを表している．

- **フィルタ**

  フィルタステップでは，まず観測値 $\boldsymbol{y}_t$ にもとづく粒子 $\{\boldsymbol{p}_t^{(1)},\ldots,\boldsymbol{p}_t^{(m)}\}$ の尤度

$\{\alpha_t^{(1)}, \ldots, \alpha_t^{(m)}\}$ を計算する. この尤度は直観的には粒子 $\{\boldsymbol{p}_t^{(1)}, \ldots, \boldsymbol{p}_t^{(m)}\}$ がどのくらい観測値 $\boldsymbol{y}_t$ にあてはまっているかを表している. すなわち,

$$\alpha_t^{(j)} = p(\boldsymbol{y}_t | \boldsymbol{p}_t^{(j)})$$

とする. $\{\alpha_t^{(1)}, \ldots, \alpha_t^{(m)}\}$ は, 粒子 $\{\boldsymbol{p}_t^{(1)}, \ldots, \boldsymbol{p}_t^{(m)}\}$ の重要性を表す重み係数と考えることができる. ここで, 経験分布の階段関数のステップ幅を $1/m$ と同一にしたものが予測分布であったが, これを尤度 $\boldsymbol{\alpha}_t$ に比例するようにすれば, フィルタ分布が得られる. 次に, 1期先予測分布 $\{\boldsymbol{p}_t^{(1)}, \ldots, \boldsymbol{p}_t^{(m)}\}$ を尤度分布 $\{\alpha_t^{(1)}, \ldots, \alpha_t^{(m)}\}$ に比例した確率でリサンプリング (resampling) を行うことにより m 個の粒子 $\{\boldsymbol{f}_t^{(1)}, \ldots, \boldsymbol{f}_t^{(m)}\}$ (フィルタ分布からの実現値) を求める. $j = 1, \ldots, m$ について, j 個目の粒子のリサンプリングは以下のように行う.

$$\boldsymbol{f}_t^{(j)} = \begin{cases} \boldsymbol{p}_t^{(1)} & \text{確率} \ \alpha_t^{(1)}/(\alpha_t^{(1)} + \cdots + \alpha_t^{(m)}) \\ \vdots & \vdots \\ \boldsymbol{p}_t^{(m)} & \text{確率} \ \alpha_t^{(m)}/(\alpha_t^{(1)} + \cdots + \alpha_t^{(m)}) \end{cases} \tag{3.36}$$

なお, リサンプリングは毎ループで実施する必要はないことを断っておく.

- **固定ラグ平滑化**

フィルタと同じように, $j = 1, \ldots, m$ について, $\{\boldsymbol{s}_{t-L|t-1}^{(j)}, \ldots, \boldsymbol{s}_{t-1|t-1}^{(j)}, \boldsymbol{p}_t^{(j)}\}$ を重み $\{\alpha_t^{(1)}, \ldots, \alpha_t^{(m)}\}$ でリサンプリングすることにより $\{\boldsymbol{s}_{t-L|t-1}^{(j)}, \ldots, \boldsymbol{s}_{t-1|t-1}^{(j)}, \boldsymbol{s}_{t|t}^{(j)}\}$ を生成する. ただし, $\boldsymbol{s}_{t|t}^{(j)} = \boldsymbol{f}_t^{(j)}$ であり, ラグ L は固定した値とする. L は通常 20 以下にするのがよいとされている.

粒子フィルタでは m 個の粒子, T 時点分のデータを用い, 以下の手順で逐次的に各ステップの予測分布, フィルタ分布の近似を求めていく.

1. 初期分布を近似する k 次元の乱数 $\{\boldsymbol{f}_0^{(j)}\}_{i=1}^m$ ($\boldsymbol{f}_0^{(j)} \sim p(\boldsymbol{x}_0)$) を生成する
2. $t = 1, \ldots, T$ について以下のステップを実行する
   a. $j = 1, \ldots, m$ について,
      - k 次元のシステムノイズ $\boldsymbol{v}_t^{(j)} \sim p(\boldsymbol{v}_t)$ を生成する
      - $\boldsymbol{p}_t^{(j)} = F_t(\boldsymbol{f}_{t-1}^{(j)}, \boldsymbol{v}_t^{(j)})$ を計算する
      - 重み $\alpha_t^{(j)} = p(\boldsymbol{y}_t | \boldsymbol{p}_t^{(j)})$ を計算する
   b. 粒子 $\{\boldsymbol{p}_t^{(1)}, \ldots, \boldsymbol{p}_t^{(m)}\}$ から重み $\{\alpha_t^{(1)}, \ldots, \alpha_t^{(m)}\}$ に比例する確率で m 個のリサンプリングを行い, $\{\boldsymbol{f}_t^{(1)}, \ldots, \boldsymbol{f}_t^{(m)}\}$ を生成する.

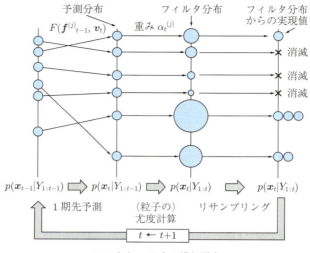

図 3.18 粒子フィルタのサイクル

上の計算プロセスからわかるように，各時点で粒子の数だけ出力 $\hat{\boldsymbol{y}}_t^{(j)}$ を計算し，$\hat{\boldsymbol{y}}_t^{(j)}$ が観測データ $\boldsymbol{y}_t$ とどれだけ一致しているかをもとに重みを計算する．そして，データと一致している粒子を多くサンプリングしつつ，不要な粒子はサンプリングしないように尤度（重み）にもとづいてリサンプリングし，フィルタ分布を求めている．ここで，リサンプリングの際にランダム要素を加えて粒子の重複（**縮退 (degeneracy)** と呼ばれる）が起きないようにしている点も注目すべき点である（詳細は後述する）．

また，数理最適化などを行うためにモデルの（対数）尤度が必要なときは，以下で計算する．

$$\ell(\boldsymbol{\theta}) = \sum_{t=1}^{T} \log \left(\sum_{j=1}^{m} \alpha_t^{(j)} \right) - T \log m \tag{3.37}$$

ここまでの計算の流れを図示したものが図 3.18 である．図から，粒子で構築された分布を観測データにもとづいて更新していくことで，真の分布に近づけていっていることがわかる．

予測分布からフィルタ分布を得る際は，各粒子の重み $\alpha_t^{(j)}$ に比例するように分布を変形するだけでよかったが，粒子の重みがどのように経験分布に反映されるのか図 3.18 だとわかりづらいかもしれない．そこで，図 3.18 に粒子の重みを分布に反映させた場合の概念図を図 3.19 に示した．

データにフィットしている粒子では確率密度が高くなることがわかる．リサンプリングでは，この重みにもとづいて粒子のサンプリングが行われるため，確率密度の高い粒子付近で密集度が高くなる．愚直にリサンプリングをした場合，図 3.20 に示すように，粒子の重みで面

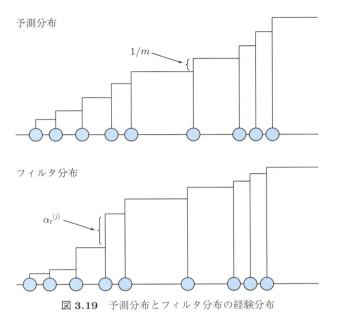

図 3.19 予測分布とフィルタ分布の経験分布

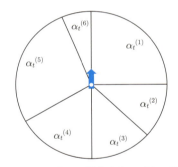

図 3.20 重みに従うリサンプリング

積が決まっているルーレットを1回ずつ回して粒子をサンプリングする．粒子の重みで面積が決まっているので，重みの大きい粒子のほうがサンプリングされやすい仕組みになっている．しかし，この方法だと粒子の個数回ルーレットを回さなければならない（乱数を発生させなければならない）．次項では，より効率的にリサンプリングを行う方法について説明する．

最後に，リサンプリング前後のフィルタ分布の概念図を図 3.21 に示す．図 3.20 で説明したように，サンプリングされた粒子の数が重みに比例していることがわかる．

3.3.2 効率的なリサンプリング

次項では具体例をあげて実装の例を示すが，その前に実装を効率化するためのリサンプリン

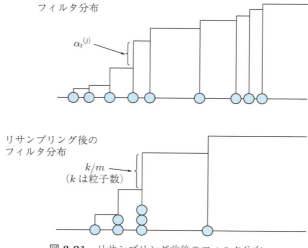

図 3.21　リサンプリング前後のフィルタ分布

グ方法について説明する．前述した方法では粒子数分の一様乱数を発生しなければならないので，結果として m 個の一様乱数を用意する必要があった．しかし，実は 1 個の一様乱数を発生するだけでリサンプリングを可能とする方法がある．具体的に 6 個の粒子をサンプリングすると考えると，以下の手順でリサンプリングできる．

1. [0,1] を 6 等分したクシを用意する
2. 乱数を (0,1/6] の範囲内で発生する
3. この乱数値の高さにクシの一番下の高さを揃える
4. 6 本のクシの矢印を右に伸ばし矢印が経験分布関数にぶつかったところの粒子をサンプリングする

これは図 3.20 で示したルーレットの例において，等間隔な矢印が 6 個あることに該当する（図 3.22）．クシ自体も全計算を通じて 1 度しか発生させる必要がないため，この方法により計算コストの高い乱数発生の回数を減らした効率的な実装が可能となる．

3.3.3　粒子フィルタを用いた線形季節調整モデルの実装例

上述したカルマンフィルタと同様の加法型季節調整モデルを考える．以下に季節調整モデルの式を再掲しておく．

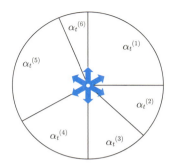

図 **3.22** 効率的なリサンプリング

$$y_n = t_n + s_n + w_n, \quad w_n \sim \mathrm{N}(0, \sigma^2)$$

$$t_n = \sum_{i=1}^{k} c_i^{(k)} t_{n-i} + v_{n1}, \quad v_{n1} \sim \mathrm{N}(0, \tau_1^2)$$

$$s_n = -\sum_{i=1}^{p-1} s_{n-i} + v_{n2}, \quad v_{n2} \sim \mathrm{N}(0, \tau_2^2)$$

また，本項でも旅客機乗客データ（1.4 節）を用いる．データの読み出しおよび推移行列などの作成についてはカルマンフィルタと同様であるため割愛する．

まず，ガウシアンノイズの生成と確率密度を計算するための `GaussianNoise` クラスを作成する．

```python
from scipy.stats import multivariate_normal


class GaussianNoise(object):
    """多次元ガウス分布
    """
    def __init__(self, covariance):
        self.covariance = covariance
        self.n_state = len(covariance)

    def generate(self, n_particles):
        """ノイズの生成
        """
        return (multivariate_normal.rvs(np.zeros(self.n_state),
                                        self.covariance, n_particles).T)

    def pdf(self, y, predicted_obs):
        """確率密度
```

```
    """
    r_y = y.reshape(y.size)
    likelihoods = np.empty(predicted_obs.shape[1])
    for i, pred_y in enumerate(predicted_obs.T):
        likelihoods[i] = multivariate_normal.pdf(r_y,
                                                 pred_y,
                                                 cov=self.covariance)

    return likelihoods
```

次に粒子フィルタクラスを作成する.

```
from numpy.random import uniform


class ParticleFilter(object):
    def __init__(self,
                 n_dim_state=None, n_dim_obs=None,
                 transition_func=None, observation_func=None,
                 system_noise=None, observation_noise=None,
                 n_particles=None):
        # 観測データの次元数
        self.n_dim_obs = n_dim_obs
        # 粒子の数
        self.n_particles = n_particles
        # リサンプリングに使用するクシ（使い回す）
        self.TEETH = np.arange(0, 1, float(1.0)/n_particles)
        # 粒子の単位質量（観測データへの適合度）
        self.weights = np.zeros(n_particles)
        # 粒子
        self.particles = np.zeros((n_dim_state, n_particles))
        # 予測分布（粒子）
        self.predicted_particles = np.zeros((n_dim_state, n_particles))

        # F(), H() は引数として関数オブジェクトを与える
        # v, w は引数としてインスタンスオブジェクトを与える
        self.transition_func = transition_func
        self.observation_func = observation_func
        self.system_noise = system_noise
        self.observation_noise = observation_noise

        # 初期粒子の生成
```

```python
        self._init_praticles_distribution()

    def _init_praticles_distribution(self):
        """粒子の初期化
        x_{0|0}
        """
        self.particles = self.system_noise.generate(self.n_particles)

    def update(self, y):
        """リサンプリング
        """
        if isinstance(y, float):
            y = np.array([y])
        self._update_particles()
        self._update_particles_weight(y)
        self._resample()

    def forecast(self):
        """長期予測
        """
        self.particles = self.transition_func(self.particles)
        return self.observation_func(self.particles).mean(axis=1)

    def generate_system_noise(self):
        """
        後述する自己組織化粒子フィルタを記述する際に都合がよいため
        当該メソッドを分離しておく
        v_t
        """
        return self.system_noise.generate(self.n_particles)

    def _update_particles(self):
        """システムモデルの計算（新たな粒子を生成することで予測分布を計算）
        x_{t|t-1}
        """
        self.predicted_particles = (self.transition_func(self.particles)
                                    + self.generate_system_noise())

    def _update_particles_weight(self, y):
        """各粒子の重みの計算（予測値が観測値に対してどれだけ適合しているかを計算）
```

128   3.3 非線形非ガウス型モデル

```python
        w_t
        """
        self.weights = self.observation_noise.pdf(
            y, self.observation_func(self.predicted_particles))

    def _normalize_weights(self):
        """\tild{w}_t"""
        self.weights = self.weights / sum(self.weights)

    def _resample(self):
        """x_{t|t}"""
        self._normalize_weights()
        cum = np.cumsum(self.weights)

        # ルーレットを回す（粒子をランダムに選定するためのポインター生成）
        base = uniform(0, float(1.0)/self.n_particles)
        pointers = self.TEETH + base

        # 粒子の選定
        self.selected_idx = [np.where(cum>=p)[0][0] for p in pointers]
        self.particles = self.predicted_particles[:, self.selected_idx]

    def predict(self):
        """フィルタ系列の推定
        """
        return (np.sum(
            self.observation_func(self.predicted_particles) * self.weights,
            axis=1))
```

　続いて，観測値の次元数，トレンドの次数（階差の次数），季節成分の次元数，粒子数，システムノイズの分散共分散行列の対角要素を定義し，FGHset 関数で状態の次元数などを定義する．

```python
# 観測値の次元数
n_dim_obs = 1
# トレンドの次元数
n_dim_trend = 2
# 季節成分の次元数
n_dim_series = 12
```

```
# 粒子数
n_particles = 200
# システムノイズの分散共分散行列の対角要素の値
system_sigma2 = 150

# 推移行列などの定義
n_dim_state, F, H, Q = FGHset(n_dim_trend,
                              n_dim_obs,
                              n_dim_series,
                              Q_sigma2=system_sigma2)
```

さらに，粒子フィルタクラスの引数として渡すシステム関数，観測関数，システムノイズ，観測ノイズを定義する．

```
observation_sigma2 = 100
transition_func = lambda x: F.dot(x)
observation_func = lambda x: H.dot(x)
system_noise = GaussianNoise(Q)
observation_noise = GaussianNoise(np.eye(n_dim_obs)*observation_sigma2)
```

ここまでで定義した値を ParticleFilter の引数に渡し，粒子フィルタを用いた線形季節調整モデルを定義する．

```
pf = ParticleFilter(n_dim_state=n_dim_state,
                    n_dim_obs=n_dim_obs,
                    transition_func=transition_func,
                    observation_func=observation_func,
                    system_noise=system_noise,
                    observation_noise=observation_noise,
                    n_particles=n_particles)
```

次に原系列を分割した訓練データに対してフィルタを実行し推定値の計算をする．

```
n_train = 120
predicted_value = np.empty(len(y[:n_train]))
for i, d in enumerate(y[:n_train]):
    pf.update(d)
    predicted_value[i] = pf.predict()

rng = range(len(predicted_value))
```

130   3.3 非線形非ガウス型モデル

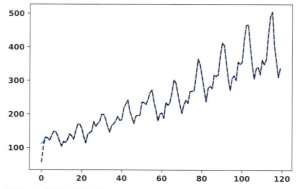

図 3.23 粒子フィルタを用いた線形季節調整モデルによる予測結果（実線：原系列，破線：線形季節調整モデルによる予測）

```
plt.plot(rng, y[:n_train], label="observation")
plt.plot(rng, predicted_value, '--', label="pedict")
```

図 3.23 をみると，カルマンフィルタと同様，訓練データへのあてはめについてはうまくいっている．次に，121 時点以降について長期予測を以下のように実施し，結果を表示する．

```
infered_value = np.empty(len(y[n_train:]))
for i, d in enumerate(y[n_train:]):
    infered_value[i] = pf.forecast()

rng = range(len(y))
plt.plot(rng, y.values, label="observation")
plt.plot(rng,
        np.concatenate([predicted_value, infered_value]),
        '--', label="forecast")
```

図 3.24 をみると，うまく長期予測ができていない．カルマンフィルタのときと同様に，モデルインスタンスを作る前に作成した F，H，Q の設計が悪いためである．改善策として，ここでは，カルマンフィルタのときと同様に AR 成分を加えハイパーパラメタ調整をすることを考える．粒子フィルタではハイパーパラメタ自体を状態と考えることで，ハイパーパラメタを自動で調整できる．これは**自己組織化状態空間モデル** (SOSS model: self-organizing state space model) と呼ばれる．本書では自己組織化状態空間モデルに粒子フィルタを適用したものを自己組織化粒子フィルタと呼ぶ．

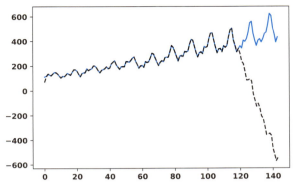

図 3.24 粒子フィルタを用いた線形季節調整モデルによる長期予測（実線：原系列，破線：線形季節調整モデルによる予測）

3.3.4 粒子フィルタを用いた自己組織化状態空間モデルの実装例

本項では自己組織化粒子フィルタを用いて，システムノイズの分散共分散行列 Q と AR 係数について最適化を行う．また，分散共分散行列の対角要素が負の値とならないように，ノイズとして $\log(\tau^2)$ を生成しハイパーパラメタ推定時に $\exp(\log(\tau^2))$ を実行する．分散共分散行列の生成には，事前知識をもってないためランダムウォークモデルを採用する．同様の理由で，AR 成分の生成にもランダムウォークモデルを採用する．AR 成分は $(-1, 1)$ の範囲の実数であるため，ハイパーパラメタ推定時には $\tanh(x)$ を実行し $[-1, 1]$ の範囲に収まるようにする．

自己組織化粒子フィルタのコードは，基本的に上で示したコードと同じであるが，ガウシアンノイズクラスにハイパーパラメタ更新のためのメソッドを加え，update メソッド内でシステムノイズの分散共分散行列と AR 係数の更新メソッドを実行する．まずは自己組織化粒子フィルタ用の GaussianNoise クラスを示す．新しく update_parameters メソッドを追加している．

```python
class GaussianNoise(object):
    """多次元ガウス分布
    """
    def __init__(self, covariance, update_target_idx=None):
        self.covariance = covariance
        self.n_state = len(covariance)
        self.update_target_idx = update_target_idx

    def generate(self, n_particles):
        """ノイズの生成
        """
```

132   3.3 非線形非ガウス型モデル

```python
        return multivariate_normal.rvs(np.zeros(self.n_state),
                                       self.covariance, n_particles).T


    def pdf(self, y, predicted_obs):
        """確率密度
        """
        r_y = y.reshape(y.size)
        likelihoods = np.empty(predicted_obs.shape[1])
        for i, pred_y in enumerate(predicted_obs.T):
            likelihoods[i] = multivariate_normal.pdf(r_y,
                                                     pred_y,
                                                     cov=self.covariance)

        return likelihoods


    def update_parameters(self, particles):
        """分散共分散行列の要素の更新
        """
        n_row = len(self.covariance)
        self.covariance[range(n_row), range(n_row)] = np.exp(
            particles[self.update_target_idx].mean(axis=1))
```

続いて自己組織化粒子フィルタのコードを示す．システムノイズを推定するための粒子，AR 係数を推定するための粒子，それ以外の粒子を分けて扱っていることに注意してほしい．

```python
class SelfOrganizationParticleFilter(object):
    def __init__(self,
                 n_dim_state=None, n_dim_components=None,
                 n_dim_obs=None,
                 transition_func=None, transition_matrix=None,
                 observation_func=None, observation_matrix=None,
                 system_noise=None, observation_noise=None,
                 ar_param_noise=None, n_particles=None,
                 ar_param_idxs=None, ar_param_func=None,
                 Q_param_noise=None, Q_param_idxs=None):
        # 観測データの次元数
        self.n_dim_obs = n_dim_obs
        # 粒子の数
        self.n_particles = n_particles
        # リサンプリングに使用するクシ（使い回す）
```

```python
        self.TEETH = np.arange(0, 1, float(1.0)/n_particles)
        # 粒子の単位質量（観測データへの適合度）
        self.weights = np.zeros(n_particles)
        # 粒子
        self.particles = np.zeros((n_dim_state, n_particles))
        # 予測分布（粒子）
        self.predicted_particles = np.zeros((n_dim_state, n_particles))
        self.n_dim_components = n_dim_components

        self.transition_func = transition_func
        self.transition_matrix = transition_matrix
        self.observation_func = observation_func
        self.observation_matrix = observation_matrix
        self.system_noise = system_noise
        self.observation_noise = observation_noise
        self.ar_param_noise = ar_param_noise
        self.ar_param_func = ar_param_func
        self.Q_param_noise = Q_param_noise

        self._init_praticles_distribution()
        self._ar_param_idxs = ar_param_idxs
        self._Q_param_idxs = Q_param_idxs
        self.n_target_params = \
            n_dim_state - len(ar_param_idxs) - len(Q_param_idxs)
        self.start_ar_dim = \
            n_dim_state - len(ar_param_idxs) * 2 - len(Q_param_idxs)

    def _init_praticles_distribution(self):
        """粒子の初期化
        x_{0|0}
        """
        self.particles = np.concatenate(
            [self.system_noise.generate(self.n_particles),
             self.ar_param_noise.generate(self.n_particles),
             self.Q_param_noise.generate(self.n_particles)],
            axis=0)

    def _update_transition_matrix(self):
        """遷移行列の更新（AR 成分の更新）
        """
```

```python
        for i, ar_idx in enumerate(self._ar_param_idxs):
            target_idx = self.start_ar_dim + i
            self.transition_matrix[self.start_ar_dim, target_idx] = \
                self.ar_param_func(self.particles[ar_idx].mean())


    def update(self, y):
        """リサンプリング
        """
        if isinstance(y, float):
            y = np.array([y])
        self._update_transition_matrix()
        self.system_noise.update_parameters(self.particles)
        self._update_particles()
        self._update_particles_weight(y)
        self._resample()


    def forecast(self):
        """長期予測
        """
        self.particles[:self.n_target_params] = \
            self.transition_func(self.particles[:self.n_target_params],
                                 self.transition_matrix)
        return self.observation_func(self.particles[:self.n_target_params],
                                     self.observation_matrix).mean(axis=1)


    def generate_system_noise(self):
        """v_t"""
        return self.system_noise.generate(self.n_particles)


    def _update_particles(self):
        """システムモデルの計算（新たな粒子を生成することで予測分布を計算）
        x_{t|t-1}
        """
        # ハイパーパラメタ以外の予測分布
        par = (self.particles[:self.n_target_params]
               + self.generate_system_noise())
        self.predicted_particles[:self.n_target_params] = \
            self.transition_func(par, self.transition_matrix)

        # ハイパーパラメタの粒子の予測分布
```

```python
        # AR 成分の予測分布
        self.predicted_particles[self._ar_param_idxs] = \
            (self.predicted_particles[self._ar_param_idxs]
             + self.ar_param_noise.generate(self.n_particles))

        # システムノイズの対角成分の予測分布
        self.predicted_particles[self._Q_param_idxs] = \
            (self.predicted_particles[self._Q_param_idxs]
             + self.Q_param_noise.generate(self.n_particles))

def _update_particles_weight(self, y):
    """各粒子の重みの計算（予測値が観測値に対してどれだけ適合しているかを計算）
    w_t
    """
    self.weights = self.observation_noise.pdf(
        y, self.observation_func(
            self.predicted_particles[:self.n_target_params],
            self.observation_matrix))

def _normalize_weights(self):
    """\tild{w}_t"""
    self.weights = self.weights / sum(self.weights)

def _resample(self):
    """x_{t|t}"""
    self._normalize_weights()
    cum = np.cumsum(self.weights)

    # ルーレットを回す（粒子をランダムに選定するためのポインター生成）
    base = uniform(0,float(1.0)/self.n_particles)
    pointers = self.TEETH + base

    # 粒子の選定
    selected_idx = [np.where(cum>=p)[0][0] for p in pointers]
    self.particles = self.predicted_particles[:, selected_idx]

def predict(self):
    """フィルタ系列の推定
    """
    pre_targete_dim = 0
```

```python
        target_dim = 0
        results = []
        for n_dim_each in self.n_dim_components:
            target_dim += n_dim_each
            H = self.observation_matrix[:, pre_targete_dim:target_dim]
            matmul = self.observation_func(
                self.predicted_particles[pre_targete_dim:target_dim],
                H)
            weighted = matmul * self.weights
            pre_targete_dim = target_dim
            results.append(np.sum(weighted, axis=1))
        return results
```

次にモデルのあてはめを行う.

```python
# 観測値の次元数
n_dim_obs = 1
# トレンドの次元数
n_dim_trend = 2
# 季節成分の
n_dim_series = 12
# AR 成分の次数
n_dim_ar = 2
# 数値予測の際に成分を分けるため各成分の要素数を格納
n_dim_components = (n_dim_trend, n_dim_series-1, n_dim_ar)
# 粒子数
n_particles = 1000
# システムノイズの分散共分散行列の各要素の値
system_sigma2 = 1500


n_dim_state, F, H, Q = FGHset(n_dim_trend,
                              n_dim_obs,
                              n_dim_series,
                              n_dim_ar,
                              Q_sigma2=system_sigma2)


# 自己組織化するハイパーパラメタに該当する粒子の index
ar_param_idxs = [idx for idx in range(n_dim_state, n_dim_state + n_dim_ar)]
Q_param_idxs = [idx for idx in range(ar_param_idxs[-1] + 1,
                                     ar_param_idxs[-1] + 1 + len(Q))]
```

```python
n_dim_state += len(ar_param_idxs)
n_dim_state += len(Q_param_idxs)

# 観測ノイズの分散共分散行列の各要素の値
# 小さければ観測データに忠実にフィットしやすい
observation_sigma2 = 400

# AR 係数は tanh で [-1, 1] の範囲で推定する
# そのためランダムウォークの分散は tanh の逆関数の出力とする
inv_tanh = lambda x: 0.5 * np.log((1 + x) / (1 - x))
ar_params_sigma2 = inv_tanh(0.25)

# システムノイズの分散共分散行列の要素は非負であり，推定時には exp(x) とする
# そのためランダムウォークの分散は自然対数とする
# 大きくしすぎると発散しやすい
Q_params_sigma2 = np.log(25)

# システム関数
transition_func = lambda x, F: F.dot(x)
# 観測関数
observation_func = lambda x, H: H.dot(x)
# システムノイズオブジェクトのインスタンス生成
system_noise = GaussianNoise(Q, Q_param_idxs)
# 観測ノイズオブジェクトのインスタンス生成
observation_noise = GaussianNoise(np.eye(n_dim_obs) * observation_sigma2)
# AR 成分のノイズオブジェクトのインスタンス生成
ar_param_noise = GaussianNoise(np.eye(len(ar_param_idxs)) * ar_params_sigma2)
# AR 係数を推定する際の復元関数
ar_param_func = lambda x: np.tanh(x)
# システムノイズ共分散行列の要素のノイズオブジェクトのインスタンス生成
Q_param_noise = GaussianNoise(np.eye(len(Q_param_idxs)) * Q_params_sigma2)


pf = SelfOrganizationParticleFilter(n_dim_state=n_dim_state,
                                    n_dim_components=n_dim_components,
                                    n_dim_obs=n_dim_obs,
                                    transition_func=transition_func,
                                    transition_matrix=F,
                                    observation_func=observation_func,
                                    observation_matrix=H,
                                    system_noise=system_noise,
```

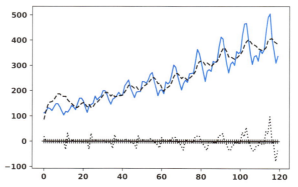

図 3.25 AR 成分付き季節調整モデルの各成分の推定結果（実線：原系列，破線：トレンド成分，点線：季節成分，＋線：AR 成分）

```
                            observation_noise=observation_noise,
                            ar_param_noise=ar_param_noise,
                            n_particles=n_particles,
                            ar_param_idxs=ar_param_idxs,
                            ar_param_func=ar_param_func,
                            Q_param_noise=Q_param_noise,
                            Q_param_idxs=Q_param_idxs)

n_train = 120
predicted_trend = np.empty(n_train)
predicted_seasonal = np.empty(n_train)
predicted_ar = np.empty(n_train)
for i, d in enumerate(y[:n_train]):
    pf.update(d)
    results = pf.predict()
    predicted_trend[i] = results[0]
    predicted_seasonal[i] = results[1]
    predicted_ar[i] = results[2]
```

原系列，推定されたトレンド成分，季節成分および AR 成分を図 3.25 に示す．
最後に長期予測を実行し結果を示す．

```
predicted = predicted_trend + predicted_seasonal + predicted_ar
infered_value = np.empty(len(y[n_train:]))
for i, d in enumerate(y[n_train:]):
    infered_value[i] = pf.forecast()
```

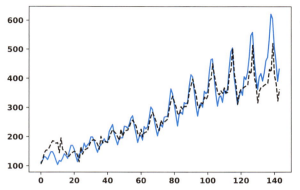

図 3.26　AR 成分付き季節調整モデルによる長期予測（実線：原系列，破線：AR 成分付き季節調整モデルによる予測）

```
rng = range(len(y))
plt.plot(rng, y.values, label="observation")
plt.plot(rng,
        np.concatenate([predicted, infered_value]),
        '--', label="forecast")
```

図 3.26 をみると長期予測結果が改善したことがわかる．ランダム要素を含むため，ランダムシードによっては長期予測におけるあてはまりが悪くなることも考えられるが，自己組織化をしない場合と比較すると概ね長期予測に関する結果は良くなるだろう．このように粒子フィルタはハイパーパラメタを状態と考えることでハイパーパラメタの調整をすることが可能となる．しかし，（特に初期に）推定が不安定になりやすく推定自体の難易度が上がることが難点ではある．推定の不安定さについては粒子数を増やすことで解消できることが多いが，逆に粒子数を増やしても推定が安定しない場合はモデルもしくはコードに不備があると考えたほうがよい．

3.3.5　固定ラグ平滑化の実装例

最後に固定ラグ平滑化の実装例を示しておく．粒子フィルタの平滑化は，過去の状態の粒子を保存しておき，保存した粒子を現在の情報をもとにリサンプリングすればよい．固定ラグ平滑化の場合，ラグ数分の過去の状態の粒子の保存が必要となる．粒子のマトリックスの軸を増やし，

```
# n_lag をラグ数とする
self.particles = np.zeros((n_dim_state, n_particles, n_lag))
```

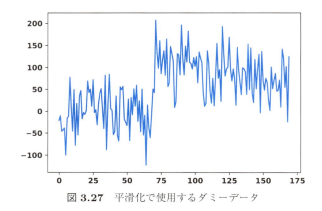

図 3.27 平滑化で使用するダミーデータ

のように保存領域を確保する方法と，今までのコードを生かしメソッドを 1 つ追加することで，過去の粒子自体は粒子フィルタクラスの外部で保存する方法が考えられる．ここでは，後者の方法の例を示す．コードは線形季節調整モデルの `ParticleFilter` クラスを再利用し，メソッドを 1 つ追加する．そして，1 期先予測およびフィルタの実行ループの際に，過去粒子の保存と平滑化を併せて実行する．

コードの説明に入る．追加するメソッドは以下のようになる．

```python
def fl_smoothing(self, past_particles, lag):
    """固定ラグ平滑化
    """
    # 平滑化分布
    smoothed = np.empty([lag, self.n_dim_obs, self.n_particles])
    for lg in range(lag):
        smoothed[lg] = self.observation_func(
            past_particles[lg, :, self.selected_idx].T)
    return smoothed
```

このメソッドを追加したクラスを `FixedLagParticleFilter` とする．次に平滑化の効果がわかりやすいようにノイズが多く混じった図 3.27 のようなデータを発生させておく．

```python
y = np.concatenate([np.random.normal(0,50,size=70),
                    np.random.normal(100,50,size=100)])
```

続いて，今までと同様にまず，クラスのインスタンスを作成する．

```python
n_dim_trend = 2
n_dim_obs = 1
```

```python
n_dim_series = 12
n_particles = 200
system_sigma2 = 200


n_dim_state, F, H, Q = FGHset(n_dim_trend,
                              n_dim_obs,
                              n_dim_series,
                              Q_sigma2=system_sigma2)


observation_sigma2 = 300
params_sigma2 = 150
transition_func = lambda x: F.dot(x)
observation_func = lambda x: H.dot(x)
system_noise = GaussianNoise(Q)
observation_noise = GaussianNoise(np.eye(n_dim_obs)*observation_sigma2)


pf = FixedLagParticleFilter(n_dim_state=n_dim_state,
                            n_dim_obs=n_dim_obs,
                            transition_func=transition_func,
                            observation_func=observation_func,
                            system_noise=system_noise,
                            observation_noise=observation_noise,
                            n_particles=n_particles)
```

最後にフィルタリングと平滑化を実行する.

```python
# 長期予測結果の保存ベクトル
predicted = np.empty(len(y))
# 平滑化系列の保存ベクトル
smoothed = np.empty(len(y))

n_lag = 10
past_particles = np.empty([n_lag, n_dim_state, n_particles])

for i, d in enumerate(y):
    pf.update(d)
    predicted[i] = pf.predict()
    # ラグ数分のデータがたまった後は平滑化分布をもとに t-L の値を計算
    if i>n_lag-1:
```

142　3.3　非線形非ガウス型モデル

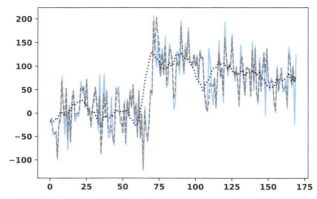

図 3.28　推定結果（実線：原系列，破線：フィルタリング，点線：固定ラグ平滑化）

```
            smoothed_values = pf.fl_smoothing(past_particles, n_lag)
            smoothed[i-n_lag] = smoothed_values.mean(axis=(0,2))
            # 最終時点に到達した場合
            if i==len(y)-1:
                smoothed[i] = predicted[i]
                for i_lag in range(1, n_lag):
                    smoothed[i-i_lag] = \
                        smoothed_values[-i_lag:].mean(axis=(0,2))
            past_particles[:-1] = past_particles[1:][:, :, pf.selected_idx]
            past_particles[-1] = pf.particles

        # ラグ数分のデータがたまるまでは過去分の粒子を保存するだけ
        else:
            past_particles = past_particles[:, :, pf.selected_idx]
            past_particles[i] = pf.particles

rng = range(len(predicted))
plt.plot(rng, y, label="observation", alpha=0.3)
plt.plot(rng, predicted, '--', label="predict", alpha=0.3)
plt.plot(rng, smoothed, ':', label="smoothed")
```

　結果を図 3.28 に示す．平滑化後の値は点線で示している．破線で示すフィルタの推定値よりも滑らかになっていることがわかる．このように粒子フィルタの平滑化は簡単に実行可能である．

3.3.6 信用区間の計算

粒子フィルタでは状態の粒子によって分布そのものが保存されていることを思い出してほしい．カルマンフィルタでは分布の母数（十分統計量，sufficient statistics）の推定が目的であったため分散共分散行列を使用して計算する必要があったが，粒子フィルタでは状態の粒子を使って簡単に計算することができる．具体的には 1 期先予測 (`predict`) と長期予測 (`forecast`) の 2 つのメソッドを以下のように変更すればよい．

```python
def predict(self, credibility=97.5):
    """フィルタ系列の推定
    """
    pre_targete_dim = 0
    target_dim = 0
    results = np.empty(len(self.n_dim_components))
    lower = np.empty(len(self.n_dim_components))
    upper = np.empty(len(self.n_dim_components))
    for i, n_dim_each in enumerate(self.n_dim_components):
        target_dim += n_dim_each
        H = self.observation_matrix[:, pre_targete_dim:target_dim]
        matmul = self.observation_func(
            self.predicted_particles[pre_targete_dim:target_dim],
            H)
        weighted = matmul * self.weights
        mean_ = weighted.sum(axis=1)

        # 信用区間の推定
        lower_ = np.percentile(matmul, 100-credibility)
        upper_ = np.percentile(matmul, credibility)

        results[i] = mean_
        lower[i] = lower_
        upper[i] = upper_
        pre_targete_dim = target_dim
    return results, lower, upper


def forecast(self, credibility=97.5):
    """長期予測
    """
    self.particles[:self.n_target_params] = \
        self.transition_func(self.particles[:self.n_target_params],
```

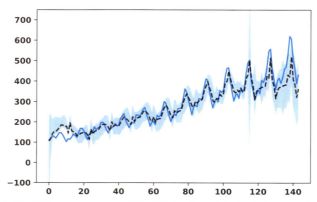

図 3.29　AR 成分付き季節調整モデルの 95% 信用区間（実線：原系列，破線：AR 成分付き季節調整モデルによる予測，塗りつぶし領域：95% 信用区間）

```
                    self.transition_matrix)
out = self.observation_func(self.particles[:self.n_target_params],
                    self.observation_matrix)
mean_ = out.mean(axis=1)
# 信用区間の推定
lower_ = np.percentile(out, 100 - credibility)
upper_ = np.percentile(out, credibility)
return mean_, lower_, upper_
```

　AR 成分付き季節調整における 95% 信用区間の計算結果を図 3.29 に示す．121 時点以降については長期予測のため信用区間が広がっている．これはカルマンフィルタと同様の結果である．粒子フィルタにおいても，このように簡単に信用区間の計算をすることができる．

3.4　離散状態モデル

　ここまで，状態が連続であるモデルについて説明してきた．状態（潜在変数）が離散の状態空間モデルは隠れマルコフモデル (HMM: hidden Markov model) と呼ばれ，状態遷移モデルを多項分布で表現した状態空間モデルである．状態は離散である必要があるが，観測値は連続値でも構わない．

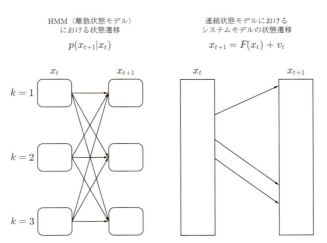

図 3.30 離散状態モデルおよび連続状態モデルにおける状態遷移

3.4.1 HMM 概要

HMM でもカルマンフィルタや粒子フィルタと同じように系列データを扱い，また観測値の背後に観測できない状態が存在していると考える点も同じである．ただし，HMM では状態遷移が離散的であり，オートマトンの状態遷移が確率的に行われるものに近い（図 3.30 参照）．

時点 t における観測値を $\boldsymbol{y}_t$，潜在変数 $\boldsymbol{x}_t$ を K 次元の二値変数，遷移確率を要素にもつ数表（行列）を $\boldsymbol{A}$ とすると，HMM は以下で表現できる[9]．

$$\boldsymbol{x}_t = p(\boldsymbol{x}_t|\boldsymbol{x}_{t-1}, \boldsymbol{A}) = \prod_{k=1}^{K}\prod_{j=1}^{K} A_{jk}^{(x_{t-1,j}, x_{tk})} \tag{3.38}$$

$$\boldsymbol{y}_t = p(\boldsymbol{y}_t|\boldsymbol{x}_t, \boldsymbol{\phi}) = \prod_{k=1}^{K} p(\boldsymbol{x}_t|\boldsymbol{\phi}_k)^{x_{tk}} \tag{3.39}$$

ここで，遷移確率は $A_{jk} \equiv p(x_{tk} = 1|x_{t-1,j} = 1)$ で定義され，$\boldsymbol{\phi}$ は分布を支配するパラメタ集合（例えば，多変量正規分布であれば平均 $\boldsymbol{\mu}$ および分散共分散行列 $\boldsymbol{\Sigma}$）である．また，最初の潜在変数 $\boldsymbol{x}_1$ は親ノードをもたないため，要素 $\pi_k \equiv p(x_{1k} = 1)$ をもつ確率ベクトル $\boldsymbol{\pi}$ で表される周辺分布 $p(\boldsymbol{x}_1)$ で表現される．条件付き分布は以下となる．

$$p(\boldsymbol{x}_1|\boldsymbol{\pi}) = \prod_{k=1}^{K} \pi_k^{x_{1k}}, \quad \sum_{k=1}^{K} \pi_k = 1 \tag{3.40}$$

以上より，HMM における潜在変数と観測変数の同時確率分布は以下のように書ける．

---

9) HMM の説明では，観測値を $\boldsymbol{x}_t$，潜在変数を $\boldsymbol{z}_t$ で表すことが多いが，本書ではここまでの記述と表記を合わせるために観測値を $\boldsymbol{y}_t$，潜在変数を $\boldsymbol{x}_t$ としている．

$$p(\boldsymbol{Y}, \boldsymbol{X}|\boldsymbol{\theta}) = p(\boldsymbol{x}_1|\boldsymbol{\pi}) \left[\prod_{n=2}^{T} p(\boldsymbol{x}_n|\boldsymbol{x}_{n-1}, \boldsymbol{A})\right] \prod_{m=1}^{T} p(\boldsymbol{y}_m|\boldsymbol{x}_m, \boldsymbol{\phi}) \tag{3.41}$$

ここで，$\boldsymbol{Y}$ は各時点における観測変数の集合，$\boldsymbol{X}$ は各時点における潜在変数の集合であり，$\boldsymbol{\theta} = \{\boldsymbol{\pi}, \boldsymbol{A}, \boldsymbol{\phi}\}$ はモデルを支配するパラメタ集合である．

この同時確率分布を用いて最尤推定によってパラメタ $\boldsymbol{\theta}$ を決定したい．式 (3.41) を潜在変数 $\boldsymbol{X}$ について周辺化することにより，次のように尤度関数が得られる．

$$p(\boldsymbol{Y}|\boldsymbol{\theta}) = \sum_{\boldsymbol{X}} p(\boldsymbol{Y}, \boldsymbol{X}|\boldsymbol{\theta}) \tag{3.42}$$

また，対数尤度関数は次式で表される．

$$\begin{aligned} \ell(\boldsymbol{\theta}) &= \log p(\boldsymbol{Y}|\boldsymbol{\theta}) \\ &= \sum_{t=1}^{T} \log \left(\sum_{\boldsymbol{x}_t} p(\boldsymbol{y}_t, \boldsymbol{x}_t|\boldsymbol{\theta})\right) \end{aligned} \tag{3.43}$$

しかし，この対数尤度関数は解析的に解くことができない．困難の主原因は log を直接各要素に施すことができないことである．次項では対数尤度関数の最大化を効率的に行う手法として EM アルゴリズムを紹介する．

3.4.2 HMM のパラメタ推定手法

本項では HMM における効率的なパラメタ推定手法である EM アルゴリズムについて説明する．

EM アルゴリズム

前述した計算の困難さを解消する方法が EM アルゴリズム (expectation-maximization algorithm) である．EM アルゴリズムでは直接的に $\ell(\boldsymbol{\theta})$ を求めるのではなく，E ステップではある確率分布 $Q(\boldsymbol{x}_t)$ を仮定し対数尤度関数の下界を求め，M ステップで分布 $Q(\boldsymbol{x}_t)$ を固定した状態で対数尤度関数の下界が最大になるようにパラメタを更新し下界を押し上げる，という操作を繰り返す．ここで，$\boldsymbol{x}_t \sim Q(\boldsymbol{x}_t)$ を仮定している．対数尤度関数の下界は，$Q(\boldsymbol{x}_t)$ およびイェンセンの不等式 (Jensen's inequality) を用いることで以下のように求められる．

$$\ell(\boldsymbol{\theta}) = \sum_{t=1}^{T} \log\left(\sum_{\boldsymbol{x}_t} p(\boldsymbol{y}_t, \boldsymbol{x}_t | \boldsymbol{\theta})\right)$$

$$= \sum_{t=1}^{T} \log\left(\sum_{\boldsymbol{x}_t} Q(\boldsymbol{x}_t) \frac{p(\boldsymbol{y}_t, \boldsymbol{x}_t | \boldsymbol{\theta})}{Q(\boldsymbol{x}_t)}\right) \tag{3.44}$$

$$\geq \sum_{t=1}^{T} \sum_{\boldsymbol{x}_t} \log\left(Q(\boldsymbol{x}_t) \frac{p(\boldsymbol{y}_t, \boldsymbol{x}_t | \boldsymbol{\theta})}{Q(\boldsymbol{x}_t)}\right)$$

イェンセンの不等式の性質を用いて計算をすると,

$$Q(\boldsymbol{X}) = p(\boldsymbol{X} | \boldsymbol{Y}, \boldsymbol{\theta}) \tag{3.45}$$

が得られる. この潜在変数の事後分布 $p(\boldsymbol{X} | \boldsymbol{Y}, \boldsymbol{\theta}^{\mathrm{old}})$ を求めるのが E ステップの目的である. ここで, $\boldsymbol{\theta}^{\mathrm{old}}$ の右肩の old は前時点におけるパラメタを使用することを意味する. E ステップで $Q(\boldsymbol{X}) = p(\boldsymbol{X} | \boldsymbol{Y}, \boldsymbol{\theta}^{\mathrm{old}})$ を求めれば, 式 (3.44) より対数尤度関数の下界を計算できる. 対数尤度関数の下界が計算できれば, 以下のように下界を最大化することでパラメタの推定ができる. この下界の最大化が M ステップにあたる.

$$\hat{\boldsymbol{\theta}} = \arg\max_{\boldsymbol{\theta}} \sum_{\boldsymbol{X}} \log Q(\boldsymbol{X}) \frac{p(\boldsymbol{Y}, \boldsymbol{X} | \boldsymbol{\theta})}{Q(\boldsymbol{X})}$$

$$= \arg\max_{\boldsymbol{\theta}} \sum_{\boldsymbol{X}} \log Q(\boldsymbol{X}) p(\boldsymbol{Y}, \boldsymbol{X} | \boldsymbol{\theta}) + \mathrm{constant} \tag{3.46}$$

$$= \arg\max_{\boldsymbol{\theta}} \sum_{\boldsymbol{X}} \log p(\boldsymbol{X} | \boldsymbol{Y}, \boldsymbol{\theta}^{\mathrm{old}}) p(\boldsymbol{Y}, \boldsymbol{X} | \boldsymbol{\theta}) + \mathrm{constant}$$

　上で説明した E ステップと M ステップを繰り返すことでパラメタを最適化するのが EM アルゴリズムである. EM アルゴリズムでは収束性についても保証されている. イェンセンの不等式を用いた EM アルゴリズムの解説については, スタンフォード大学における Andrew Ng 氏のレクチャーノート [6] がわかりやすい.

　EM アルゴリズムの手順を以下に簡単にまとめておく.

1. **初期化**
   モデルパラメタをある初期集合に設定する (初期パラメタ集合を $\boldsymbol{\theta}^{\mathrm{old}}$ とする)

2. **E ステップ**
   パラメタを $\boldsymbol{\theta}^{\mathrm{old}}$ に固定し, 潜在変数の事後分布 $p(\boldsymbol{X} | \boldsymbol{Y}, \boldsymbol{\theta}^{\mathrm{old}})$ を求める.

3. **M ステップ**
   E ステップで計算した $p(\boldsymbol{X} | \boldsymbol{Y}, \boldsymbol{\theta}^{\mathrm{old}})$ を用いて, 対数尤度関数の下界を最大化するパラメタ $\hat{\boldsymbol{\theta}}$ を求める.

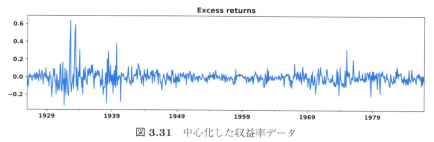

図 3.31　中心化した収益率データ

$$\hat{\boldsymbol{\theta}} = \arg\max_{\boldsymbol{\theta}} \sum_{\boldsymbol{X}} \log p(\boldsymbol{X}|\boldsymbol{Y}, \boldsymbol{\theta}^{\text{old}}) p(\boldsymbol{Y}, \boldsymbol{X}|\boldsymbol{\theta})$$

4. 収束する（対数尤度がある閾値以上に改善しなくなる）までEステップとMステップを繰り返す．収束していない場合は $\boldsymbol{\theta}^{\text{old}} = \hat{\boldsymbol{\theta}}$ としてEステップに戻る．

具体的な分布を仮定した計算について知りたい場合は，前述のAndrew Ng氏のレクチャーノート[6]，文献[2,18]などを参照してほしい．

3.4.3　`hmmlearn`による例

本項ではScikit-learnと同様のインターフェースをもった，`hmmlearn`を使用してGaussian HMMモデルを構築する．具体的には，高麗大学校のChan-Jin Kim氏のホームページで提供されている株式の収益率データを用い収益率の高中低の3つの状態を推定するモデルを構築する例を示す．`hmmlearn`では，Gaussian HMM，GMM(Gaussian mixture HMM)，Multinomial HMMの3つの手法をもとにしたモデル構築が可能である．HMMはレジームスイッチングモデルとも呼ばれ，StatsModelsにはレジームスイッチングモデルモジュールが実装されている．本書では`hmmlearn`バージョン0.2.1を使用した．ライブラリは`pip`で以下のようにインストールできる．

```
$ pip install hmmlearn
```

まずデータの読み出しを行い中心化する．中心化処理をした後のデータを図3.31に示す．

```
import requests
import io

ew_excs = requests.get(
    'http://econ.korea.ac.kr/~cjkim/MARKOV/data/ew_excs.prn').content
raw = pd.read_table(io.BytesIO(ew_excs),
```

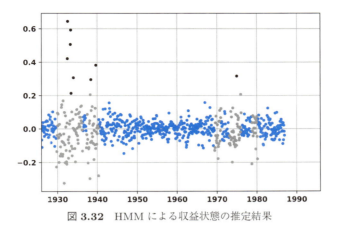

図 3.32 HMM による収益状態の推定結果

```
                        header=None,
                        skipfooter=1,
                        engine='python')
raw.index = pd.date_range('1926-01-01', '1995-12-01', freq='MS')

quotes = raw.loc[:'1986'] - raw.loc[:'1986'].mean()
# 収益率データの表示
quotes[0].plot(title='Excess returns', figsize=(12, 3))
```

次にモデルのあてはめおよび状態の予測を行う．

```
from hmmlearn.hmm import GaussianHMM

model = GaussianHMM(
    n_components=3, covariance_type="full", n_iter=5000).fit(quotes)
hidden_states = model.predict(quotes)
```

推定結果を図 3.32 に示す．結果表示のコードは次のようになる[10]．

```
colors = ['b', 'Y', 'r']

for i, color in enumerate(colors):
    mask = hidden_states != i
    tmp = quotes.copy()
```

---

10) 紙面上では 'b' が青色，'Y' が灰色，'r' が黒色に対応している．

```
    tmp[mask] = None
    plt.plot(tmp, ".", c=color)

plt.xlim('1926-01-01', '1995-12-01')
plt.grid(True)

plt.tight_layout()
```

　図 3.31 と図 3.32 をみると，収益率の状態を高中低の 3 つに比較的うまく分類できていることがわかる．HMM ではこのように離散的な状態を推定できる．

第**4**章 | 異常検知

本章では異常検知の概要，異常検知における評価方法，変化点検出の概要と実装例，深層学習フレームワークを用いた異常検知の実装例について説明する．

4.1 異常検知概要

以前の章ではデータ内のよくあるパターンを見つける，というのが基本的な考え方であったが，**異常検知** (anomaly detection) は，よくあるパターンから外れたパターンや値を見つけるための手法である．検出したい問題によって何を異常として捉えるか，という異常の概念は変わってくる．文献 [3] および [21] にもとづいて異常を表 4.1 のように 3 つに分類する．また，各分類についての具体的なデータの例を図 4.1 から 4.3 に示す．

点異常 (point anomaly)，**文脈依存型異常** (contextual anomaly)，**集団型異常** (collective anomaly) のそれぞれの特性は以下のとおりである．

● 点異常
　○ 図 4.1 のように，ある確率分布（多峰性分布含む）からのサンプルを想定すると，その分布から大きく外れたデータである
　○ したがって点異常データは正常な確率分布とは異なる分布からの少数のサンプルデータで

表 **4.1**　異常のタイプ

タイプ	対象の例	応用例
点異常，外れ値	外れ値	外れ値検出
文脈依存型異常，変化点	時系列上の急激な変化	変化点検出
集団型異常，異常行動	Linux コマンドの異常セッション	不審行動検出

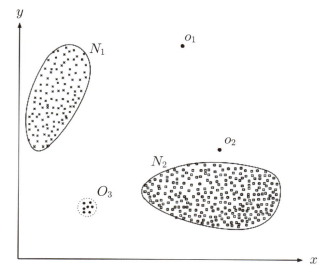

図 4.1 点異常の例（o_1, o_2, O_3 が外れ値）（文献 [3] の Fig.1 をもとに作成）

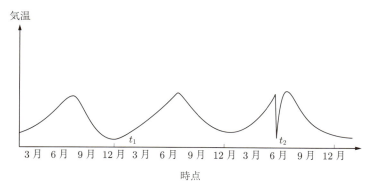

図 4.2 文脈依存型異常の例（t_2 が変化点）（文献 [3] の Fig.3 をもとに作成）

あるといえる
- 図 4.1 のような外れ値を検出する場合，多次元ベクトルを対象に，確率モデルとして独立モデルを仮定してモデルから相対的に見て特異なデータを検出する

- **文脈依存型異常**
  - 時系列は確率過程であるので確率変数の連続である
  - 確率過程は一般に時間パラメタ t に伴って起こる変化の結果であり，文脈（過去時点におけるデータの変化の傾向）をもっている
  - 図 4.2 のように過去データから予想される値から外れたデータが文脈依存型の異常データである

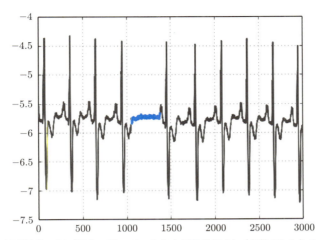

図 4.3 集団型異常の例（図中の青いデータ集合が異常集合）（文献 [3] より Fig.4 を引用）

- 図 4.2 のような文脈依存型異常を検出する場合，多次元時系列データを対象に，確率モデルとして時系列モデルを仮定して，時系列上に現れる急激な変化を検出する

● 集団型異常
- 図 4.3 に示すように 1 つの点だけに注目すれば異常ではないが，一連のデータを集団として捉えた（一単位として考えた）場合に同時に発生することが異常であるものが集団型異常である
- 図 4.3 のような集団型異常を検出する場合，一連のデータ（セッションと呼ぶ）を単位とする系列を対象に，確率モデルとして集団モデルを仮定して，モデルから相対的に見て異常なセッションを検出する

文献 [3] では，データラベルの有無によって教師あり (supervised) 異常検知，半教師あり (semi-supervised) 異常検知，教師なし (unsupervised) 異常検知の 3 つに分類している．それぞれの特性は以下のとおりである．

● 教師あり異常検知
- 学習用データのすべてに「異常」「正常」のラベルが付与されている
- 教師あり学習による分類問題

● 半教師あり異常検知
- 「正常」データだけにラベルが付いている，または，明らかに正常なデータだけは判断できる
- 「正常でないもの」を異常として異常スコアを計算する，もしくは異常であると分類する

● 教師なし異常検知
- ○ 訓練データは不要
- ○ ある仮定をおき，その仮定にもとづいて異常を検出する

　本章では表 4.1 で示した例のうち，変化点検出（文脈依存型異常の検出）を中心に説明する．異常検知の問題は入力データに対して異常かどうかを示すスコアを返す問題だと考えることができる．データに教師があるのかどうかによっても適用可能な手法やスコアの考え方が異なるが，どちらの場合でも条件付き確率分布を用いるのが自然である．また，本章ではラベルづけ作業が不要で実務で適用しやすい教師なし異常検知（4.2, 4.3 節），および半教師あり異常検知（4.4 節）に絞って話を進める．

4.1.1　異常検知の評価

　異常検知を行う際に重要となってくるのが，**適合率** (precision) と**再現率** (recall) のトレードオフである．最もよいのはすべての正常データを正常と認識し（真陰性），すべての異常データを異常と判定する（真陽性）ことである．しかし，異常を漏らすことなく検出しようとした場合，正常データを異常データであると誤認識し（偽陽性），無意味なアラートが発生する可能性は高まる．逆に無意味なアラートを減らそうとすると異常データの検出率は低下する可能性がある．異常検知の問題では適合率と再現率のバランスのとれたモデルを作成することが重要である．真陽性を TP，真陰性を TN，偽陽性を FP，偽陰性を FN とした場合の適合率と再現率は以下で表される．

$$適合率 = \frac{TP}{TP + FP}$$
$$再現率 = \frac{TP}{TP + FN}$$

この適合率と再現率の両者を考慮した評価指標もある．代表的なものとしては F 値や AUC がある．**F 値** (F_1 score, F-measure) は適合率と再現率を用いて次式で定義される．

$$F\,値 = \frac{2 \times 再現率 \times 適合率}{再現率 + 適合率} \tag{4.1}$$

　AUC(area under the curve) は適合率–再現率曲線の下部面積であり 0 以上 1 以下の値をとり，よいモデルほど面積が広くなる．F 値や AUC を用いてモデルの良し悪しを判断し，モデル選択を行う．

4.2 変化点検出

変化点検出は時系列データの振る舞いの急激な変わり目を検出するための手法である．変化点検出は観測値が事前に決めた閾値を超えた時点で検出すると遅すぎるような，ウィルス検知などの事象に対して有効な技術である．問題の対象が異常や変化の早期発見の場合，リアルタイムで変化点を検出することが要求される．つまりオンライン処理に向いた手法を使う必要がある．本節では AR モデルを用いた **ChangeFinder** について説明する．

4.2.1 ChangeFinder

ChangeFinder は時系列データを部分的に用いて AR モデルを構築し，予測値と観測値との差異からスコアを算出するというのが基本的な考え方である．p 次の AR モデルを再掲する．ここでは，入力は多次元のベクトルである場合を考える．

$$\boldsymbol{y}_t = \boldsymbol{c} + \sum_{i=1}^{p} \boldsymbol{\phi}_i \boldsymbol{y}_{t-i} + \boldsymbol{\epsilon}_t, \quad \boldsymbol{\epsilon}_t \sim \mathrm{W.N.}(\boldsymbol{\Sigma})$$

ここで，$\boldsymbol{\phi}_i \in \boldsymbol{R}^{d \times d} \, (i = 1, \ldots, p)$ は $d \times d$ 次元のパラメタ行列であり，$Y_{t-p:t-1} = (\boldsymbol{y}_{t-p}, \ldots, \boldsymbol{y}_{t-1})' \in \boldsymbol{R}^{d \times p}$ とする．AR モデルによって表される $\boldsymbol{y}_t$ の**確率密度関数** (probability density function) は次式で示される．

$$p(\boldsymbol{y}_t | Y_{t-p:t-1}; \boldsymbol{\theta}) = \frac{1}{(2\pi)^{d/2} |\boldsymbol{\Sigma}|^{1/2}} \exp\left(-\frac{1}{2} (\boldsymbol{y}_t - \boldsymbol{w})' \boldsymbol{\Sigma}^{-1} (\boldsymbol{y}_t - \boldsymbol{w}) \right) \tag{4.2}$$

ここで，$\boldsymbol{w} = \sum_{i=1}^{p} \boldsymbol{\phi}_i \boldsymbol{y}_{t-i} + \boldsymbol{c}$ であり，モデルに関するパラメタ集合を $\boldsymbol{\theta} = \{\boldsymbol{\phi}_1, \ldots, \boldsymbol{\phi}_p, \boldsymbol{c}, \boldsymbol{\Sigma}\}$ とする．

上で求めた部分 AR 系列と時系列データの差分をとってスコアを計算した場合，ノイズに敏感であり偽陽性となる確率が高い．ChangeFinder では図 4.4 に示すように，2 段階で AR モデルを適用し，平滑化をすることで変化点スコア推定を頑健にしている．

以下に 2 段階推定の詳細を記載する．

1. **第 1 段階学習**：
   a. **AR モデルを用いた学習**：時系列データの確率モデルとして AR モデルを用意し学習する．学習後得られた確率密度関数列を $p_t(\boldsymbol{y}) \, (t = 1, \ldots, T)$ とする．ここで，$p_{t-1}(\boldsymbol{y})$ は $Y_{1:t-1} = \{\boldsymbol{y}_1, \ldots, \boldsymbol{y}_{t-1}\}$ から学習された確率密度関数である．
   b. **外れ値スコアの対数損失の計算**：各時点 t のデータ $\boldsymbol{y}_t$ の外れ値スコアを以下で示す

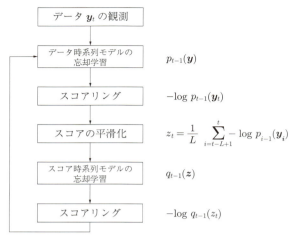

図 4.4 ChangeFinder の計算フロー

対数損失で計算する.

$$\mathrm{Score}(\boldsymbol{y}_t) = -\log p_{t-1}(\boldsymbol{y}_t) \tag{4.3}$$

c. 平滑化：L を与えられた正の整数として，幅が L のウィンドウ内のデータに関して上で求めた外れ値スコアの平均値を計算する．これは平滑化と呼ばれる．この操作をウィンドウをずらしながら実施することでスコアの移動平均系列を構成する．スコア系列 $\mathrm{Score}(\boldsymbol{y}_i)\,(i=t-L+1,\ldots,t)$ に対して L-平均スコア系列 z_t をスコア移動平均として次式で定義する．

$$z_t = \frac{1}{L} \sum_{i=t-L+1}^{t} \mathrm{Score}(\boldsymbol{y}_i) \tag{4.4}$$

1. **第 2 段階学習**：

    a. AR モデルを用いた学習：第 1 段階学習で新しく構築された時系列データ $z_t\,(t=1,\ldots,L)$ に対して AR モデルを適用する．この操作で得られる確率モデルの時系列を $q_t\,(t=1,\ldots,L)$ とする．

    b. L'-平均スコアの計算：L' を与えられた正の整数として，時点 t における L'-平均スコアを以下の対数損失によって求める．

$$\mathrm{Score}(t) = \frac{1}{L'} \sum_{i=t-L'+1}^{t} (-\log q_{i-1}(z_i)) \tag{4.5}$$

式 (4.5) の Score(t) の値が高いほど時点 t が変化点である度合いが高いとみなせる. ChangeFinder の鍵は第 1 段階の学習で計算した外れ値スコアの平滑化を通じてノイズに反応した外れ値を除去し, 2 段階目の学習によって本質的な変動のみを検出できるようにしたところにある. 式 (4.4) において L が小さい場合, 変化点が出現した直後に検出できるようになるが, 数値の一時的な変動に敏感になる. 一方, L が大きい場合は変化点検出までの時間遅れが大きくなるが, 外れ値がフィルタリングされて変化点だけが検出できるようになる. L の値は 5 から 10 の間に設定することが多いが, 適用場面に応じて最適にチューニングが必要である. なお, 上で解説した AR モデルを用いた ChangeFinder では

1. 定常であることを仮定
2. バッチ学習であり計算量が多い

という課題がある. そのため, 忘却機能を備え, 逐次学習可能な SDAR アルゴリズムが開発された. SDAR アルゴリズムでは過去に求めたパラメタと新たな時系列データのみでパラメタを計算することで計算量を少なくするという工夫がされており, また, 忘却機能 (忘却パラメタ r) の導入により非定常データにも対応している. 式 (4.3) 中の確率密度関数 $p_{t-1}(\boldsymbol{y}_t)$ を SDAR アルゴリズムでの計算に置き換えることで忘却機能と逐次学習を導入する. SDAR アルゴリズムの詳細は文献 [21] を参照してほしい.

ChangeFinder ライブラリを用いた例

Python には ChangeFinder ライブラリがあるため, 本節ではその ChangeFinder ライブラリを使用する. なお, 本ライブラリは 1 次元の時系列データにしか対応していないため, 2 次元以上のデータに対する変化点検出をする場合は自作する必要がある. ライブラリは pip で以下のようにインストールできる.

```
$ pip install changefinder
```

ここでは, ダミーデータを用いて ChangeFinder ライブラリの使用例を示す. ダミーデータは以下のように発生させる (図 4.5).

```
data = np.concatenate(
    [np.random.normal(0.7, 0.05, 300),
     np.random.normal(1.5, 0.05, 300),
     np.random.normal(0.6, 0.05, 300),
     np.random.normal(1.3, 0.05, 300)])
```

上で発生させたデータを用いて以下のように変化点スコアを計算する.

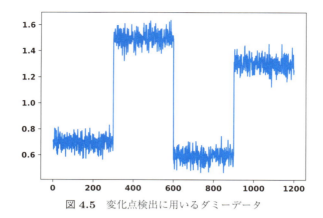

図 4.5 変化点検出に用いるダミーデータ

```
# r:忘却パラメタ
# order：AR モデルの次数
# smooth：スコアの平滑化のウィンドウ幅
cf = changefinder.ChangeFinder(r=0.01, order=1, smooth=7)

result = np.empty(len(data))
for i, d in enumerate(data):
    # スコア
    result[i] = cf.update(d)
```

ここで，ChangeFinder クラスの引数について説明しておく．

- r：忘却パラメタ

  ChangeFinder ライブラリでは SDAR アルゴリズムを採用しており，忘却学習が可能となっている．忘却パラメタは確率密度関数を算出する際に，どの程度過去のデータを忘れるかを示している．この値を小さくすると過去のデータの影響が大きくなる．

- order：AR モデルの次数

  過去のデータをどれほどモデルに組み込むかを意味する．循環的な自己相関の度合いに応じて大きくする必要がある．

- smooth：スコアの平滑化のウィンドウ幅

  式 (4.4) の L に対応．大きいほどノイズに左右されにくくなるが，大きくしすぎると変化そのものが捉えづらくなる．式 (4.5) の L' はライブラリ内では `int(round(smooth/2.0))` で計算されている．

結果は次のように表示する（図 4.6）.

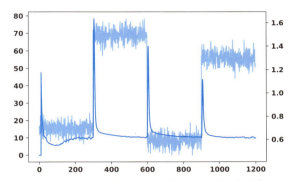

図 4.6 変化点スコア（薄い線：原系列，濃い線：変化点スコア）

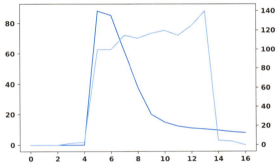

図 4.7 ChangeFinder では変化点をうまく検出できない例（薄い線：原系列，濃い線：変化点スコア）

```
fig = plt.figure()
ax = fig.add_subplot(111)
ax.plot(result, label="score")
ax2 = ax.twinx()
ax2.plot(data, alpha=0.3, label="observation")
```

図 4.6 をみると，小さなノイズに左右されず変化点をうまく検出できている．本手法は例に示したような明らかな変化点をもつ系列での変化点検出はうまく行えるが，そうでないデータについては性能が出せないこともある．例えば図 4.7 のようなデータでは変化点をうまく検出できない．

図 4.7 のデータは以下のように発生させた．

```
data = np.array([0,0,0,2,3,100,100,115,112,117,120,115,125,140,5,4,0])
```

次節では，より頑健に変化点を検出できる Bayesian Online Change Point Detection について説明する．

4.3　Bayesian Online Change Point Detection

本節ではベイズの枠組みを用いた変化点検出手法である **Bayesian Online Change Point Detection** を紹介する [1]. 本手法は非定常系列に対するリアルタイムでの変化点検出が可能である.

4.3.1　理論概要

本手法では変化点検出は, 系列データにおける生成パラメタの急激な変化の識別である, と考える. 本手法は変化点の間に位置するデータの生成パラメタは同一である, という仮定にもとづいて, 各時点を分類する. ここで, 生成パラメタは同一であるが系列データの定常性までは仮定していない点に注意してほしい. また, 現時点と次の時点の間に**パーティション**（変化点と前時点の境）がある確率も同時に推定する.

本項に登場する記号の説明を以下に示す.

- y_t $(t = 1, \ldots, T)$：観測値
- ρ $(\rho = 1, 2, \ldots)$：パーティション
- $\boldsymbol{\eta}_\rho$：パーティションごとに iid である確率分布のパラメタ
- $p_{\mathrm{gap}}(g)$：2 つの変化点の間の予測分布
- r_t：連長
- $\boldsymbol{y}_t^{(r)}$：連長 r_t に関連した観測値集合 $(y_{t-r+1}, \ldots, y_t)$

Bayesian Online Change Point Detection では, 時点 t において直前の変化点から経過した時点数を**連長** (run length) として r_t で表す. 連長 r_t の予測問題は, 時点 t までの時系列 $Y_{1:t}$ が所与のときの, 確率変数 y_{t+1} の**予測分布** (predictive distribution) を計算することとして形式化できる. この分布は, 時点 t における連長 r_t の**事後分布** (posterior distribution) を用いて**周辺化** (marginalization) することによって以下のように計算できる.

$$p(y_{t+1}|Y_{1:t}) = \sum_{r_t} p(y_{t+1}|r_t, \boldsymbol{y}_t^{(r)}) p(r_t|Y_{1:t}) \tag{4.6}$$

この予測分布を計算および評価することで連長を予測し変化点を検知する. 予測分布の計算の際に連長 r_t の事後確率 $p(r_t|Y_{1:t})$ と同時確率 $p(r_t, Y_{1:t})$ の推定が必要となる. 時点 t までの時系列 $Y_{1:t}$ が与えられたときの連長 r_t の事後分布と**同時分布** (joint distribution) は次のように表される.

$$p(r_t|Y_{1:t}) = \frac{p(r_t, Y_{1:t})}{p(Y_{1:t})} \tag{4.7}$$

$$p(r_t, Y_{1:t}) = \sum_{r_{t-1}} p(r_t, r_{t-1}, Y_{1:t})$$

$$= \sum_{r_{t-1}} p(r_t, y_t|r_{t-1}, Y_{1:t-1})p(r_{t-1}, Y_{1:t-1}) \tag{4.8}$$

$$= \sum_{r_{t-1}} p(r_t|r_{t-1})p(y_t|r_{t-1}, \boldsymbol{y}_t^{(r)})p(r_{t-1}, Y_{1:t-1})$$

予測分布 $p(y_{t+1}|Y_{1:t})$ は直近のデータ $\boldsymbol{y}_t^{(r)}$ にのみ依存する．最後の変化点以降のデータは所与として，以上のように，(1) r_{t-1} が所与の場合の r_t の**事前分布** (prior distribution) と，(2) 新たに観測されたデータに対する予測分布，の2つの計算にもとづいて，現在の連長とデータにわたる同時分布の再帰的メッセージパッシングアルゴリズム（文献 [2] 参照）を生成することができる．図 **4.8** に入力データ，連長，メッセージパッシングについての概略図を示した．

変化点における条件付き事前分布 $p(r_t|r_{t-1})$ は以下のように効率的に求めることができる．

$$p(r_t|r_{t-1}) = \begin{cases} H(r_{t-1} + 1) & (r_t = 0) \\ 1 - H(r_{t-1} + 1) & (r_t = r_{t-1} + 1) \\ 0 & (\text{その他}) \end{cases} \tag{4.9}$$

ここで，$H(\tau)$ は**ハザード関数** (hazard function) であり次式で示される．

$$H(\tau) = \frac{p_{\text{gap}}(g = \tau)}{\sum_{t=\tau}^{\infty} p_{\text{gap}}(g = t)} \tag{4.10}$$

$p_{\text{gap}}(g)$ が時間スケール λ の離散指数（幾何）分布である場合，ハザード関数は定数となり $H(\tau) = 1/\lambda$ で表現できる．

再帰アルゴリズムを考える場合，再帰関係だけでなく初期条件も考慮する必要がある．当該手法では，以下のように2つのケースに分けて初期条件を定義している．

1. **変化点が自明にわかる場合**：$p(r_0 = 0) = 1$ つまり連長 r_0 は必ず 0 となる．攻守交替のような場面の変化がわかるデータを観測する場合はこれにあたる．

2. **データの部分集合が観測できる場合**：気候変動モデルを構築する場合がこれにあたる．この場合は，以下の正規化済み生存関数で定義される．

$$p(r_0 = \tau) = \frac{1}{Z}S(\tau), \quad Z = \text{constant}$$

$$S(\tau) = \sum_{t=\tau+1}^{\infty} p_{\text{gap}}(g = t) \tag{4.11}$$

162   4.3 Bayesian Online Change Point Detection

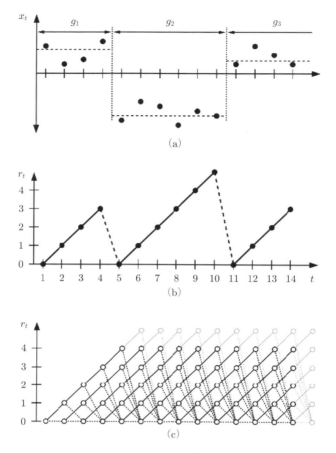

図 4.8　モデルの入出力の概略図．(a) は入力データ．(b) は連長．(c) はメッセージパッシングを表す．（文献 [1] より Fig.1 を引用）

指数型分布族 (exponential family) を想定した場合，パラメタ $\boldsymbol{\eta}$ の事後分布はハイパーパラメタ ν と $\boldsymbol{\chi}$ を用いて次のように簡潔に表すことができる．

$$p(\boldsymbol{\eta}|\boldsymbol{\chi},\nu) = \tilde{h}(\boldsymbol{\eta})\exp\left(\boldsymbol{\eta}'\boldsymbol{\chi} - \nu A(\boldsymbol{\eta}) - \tilde{A}(\boldsymbol{\eta})\right) \tag{4.12}$$

$$A(\boldsymbol{\eta}) = \log \int h(\boldsymbol{y})\exp(\boldsymbol{\eta}'\boldsymbol{U}(\boldsymbol{y}))d\boldsymbol{\eta} \tag{4.13}$$

また，ハイパーパラメタの更新は以下のように行われる．

$$\nu_t^{(r)} = \nu_{\mathrm{prior}} + r_t \tag{4.14}$$

$$\boldsymbol{\chi}_t^{(r)} = \boldsymbol{\chi}_{\mathrm{prior}} + \sum_{n \in r_t} \boldsymbol{u}(y_n) \tag{4.15}$$

上述の議論から，当該手法のアルゴリズムは以下のようになる.

1. 初期化

$$p(r_0) = \tilde{S}(r) \text{ または } p(r_0 = 0) = 1$$
$$\nu_1^{(0)} = \nu_{\mathrm{prior}}$$
$$\boldsymbol{\chi}_1^{(0)} = \boldsymbol{\chi}_{\mathrm{prior}}$$

2. 新しいデータ y_t の観測

3. 予測分布の評価

$$\pi_t^{(r)} = p(y_t | \nu_t^{(r)}, \boldsymbol{\chi}_t^{(r)})$$

4. 連長の増加確率の計算

$$p(r_t = r_{t-1} + 1, Y_{1:t}) = p(r_{t-1}, Y_{1:t-1}) \pi_t^{(r)} (1 - H(r_{t-1}))$$

5. 変化点確率の計算

$$p(r_t = 0, Y_{1:t}) = \sum_{r_{t-1}} p(r_{t-1}, Y_{1:t-1}) \pi_t^{(r)} H(r_{t-1})$$

6. エビデンス（evidence；周辺尤度，marginal likelihood）の計算

$$p(Y_{1:t}) = \sum_{r_t} p(r_t, Y_{1:t})$$

7. 連長分布（信念）の計算

$$p(r_t | Y_{1:t}) = p(r_t, Y_{1:t}) / p(Y_{1:t})$$

8. 十分統計量（ここではハイパーパラメタと同義）の更新

$$\nu_{t+1}^{(0)} = \nu_{\mathrm{prior}}$$
$$\boldsymbol{\chi}_{t+1}^{(0)} = \boldsymbol{\chi}_{\mathrm{prior}}$$
$$\nu_{t+1}^{(r+1)} = \nu_t^{(r)} + 1$$
$$\boldsymbol{\chi}_{t+1}^{(r+1)} = \boldsymbol{\chi}_t^{(r)} + \boldsymbol{u}(y_t)$$

164   4.3 Bayesian Online Change Point Detection

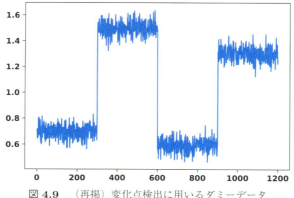

図 4.9 （再掲）変化点検出に用いるダミーデータ

9. 予測分布の計算

$$p(y_{t+1}|Y_{1:t}) = \sum_{r_t} p(y_{t+1}|\boldsymbol{y}_t^{(r)}, r_t)p(r_t|Y_{1:t})$$

10. 手順 2 に戻る

ハザード関数に指数型分布族を考えた場合，計算コストは線形となる．実装例を次項で示す．

4.3.2 Bayesian Changepoint の実装例

Bayesian Changepoint の Python ライブラリがないため，本節では Bayesian Changepoint を実装する．本項でも 4.2.1 項と同じダミーデータを用いて変化点検出の例を示す．（図 4.9 参照）．

次に Bayesian Changepoint 本体のコードを記載する．

```python
class BayesianOnlineChangePointDetection(object):
    T = 0   # 観測時間

    def __init__(self, hazard_func, distribution):
        self.beliefs = np.zeros((2,2))
        self.beliefs[0, 0] = 1.
        # ハザード関数と連長に関する確率密度分布は引数として与える
        self.hazard_func = hazard_func
        self.distribution = distribution

    def reset_params(self):
```

```python
        """パラメタを初期状態にリセット
        """
        self.T = 0
        self.beliefs = np.zeros((2,2))
        # 例では初期状態で連長が必ず0になるので信念の初期状態は1.0
        self.beliefs[0, 0] = 1.

    def _expand_belief_matrix(self):
        """観測時点数に合わせて信念行列 belief を大きくする
        """
        n_row, n_col = self.beliefs.shape
        rows = np.zeros((1, 2))
        cols = np.zeros((n_row+1, 1))
        self.beliefs = np.concatenate((self.beliefs, rows), axis=0)

    def _shift_belief_matrix(self):
        """信念行列の更新
        """
        current_belief = self.beliefs[:, 0]
        self.beliefs[:, 0] = self.beliefs[:, 1]
        self.beliefs[:, 1] = 0
        return current_belief

    def _update_beliefs(self, hazard, pred_probs):
        """信念（連長分布）の更新
        """
        self._expand_belief_matrix()

        # 連長の増加確率の計算（次の時点で連長が+1になる確率）
        self.beliefs[1:self.T+2, 1] = \
            self.beliefs[:self.T+1, 0] * pred_probs * (1 - hazard)

        # 変化点確率の計算（次時点で連長が0になる確率）
        self.beliefs[0, 1] = \
            (self.beliefs[:self.T+1, 0] * pred_probs * hazard).sum()

        # 信念（連長分布）の正規化
        self.beliefs[:, 1] = self.beliefs[:, 1] / self.beliefs[:, 1].sum()
```

```python
    def update(self, x):
        """予測分布，ハザード関数，連長分布，観測時間の更新"""
        # 予測分布の評価
        pred_probs = self.distribution.pdf(x)

        # ハザード関数の評価
        hazard = self.hazard_func(np.arange(self.T+1))

        # 連長分布，信念の更新
        self._update_beliefs(hazard, pred_probs)

        # 十分統計量（ここではハイパーパラメタと同義）の更新
        self.distribution.update_params(x)

        # 信念が最大の index を取得（最も可能性の高い連長を取得）
        max_belief_idx = \
            np.where(self.beliefs[:, 0]==self.beliefs[:, 0].max())[0]
        # 現在の信念の取得
        current_belief = self._shift_belief_matrix()

        self.T += 1
        return max_belief_idx, current_belief
```

ハザード関数 (`hazard_fun`) と確率密度関数 (`distribution`) を定義する．`distribution` には t-指数型分布族である**スチューデントの t 分布** (Student's t-distribution) を用いる．したがって，ハザード関数は定数となる．まずは，スチューデントの t 分布を定義する．

```python
class StudentT(object):
    def __init__(self, mu0=0, kappa0=1, alpha0=1, beta0=1):
        """パラメタの初期化"""
        self.mu0    = np.array([mu0])
        self.kappa0 = np.array([kappa0])
        self.alpha0 = np.array([alpha0])
        self.beta0  = np.array([beta0])
        self.reset_params()

    def reset_params(self):
        """パラメタを初期状態にリセット"""
        self.muT    = self.mu0.copy()
```

```python
        self.kappaT = self.kappa0.copy()
        self.alphaT = self.alpha0.copy()
        self.betaT  = self.beta0.copy()

    def pdf(self, x):
        """確率密度関数
        確率密度分布のある点 (x) における確率を返す
        """
        return stats.t.pdf(
            x,
            loc=self.muT,
            df=2 * self.alphaT,
            scale=np.sqrt(self.betaT*(self.kappaT+1)/(self.alphaT*self.kappaT))
        )

    def update_params(self, x):
        """パラメタ（十分統計量）の更新
        それぞれのパラメタベクトルは観測点分のベクトルとなる
        """
        self.betaT = np.concatenate(
            [self.beta0,
             (self.betaT
              + (self.kappaT * (x - self.muT)**2) / (2 * (self.kappaT + 1)))
            ])
        self.muT = np.concatenate(
            [self.mu0, (self.kappaT * self.muT + x) / (self.kappaT + 1) ])
        self.kappaT = np.concatenate([self.kappa0, self.kappaT + 1 ])
        self.alphaT = np.concatenate([self.alpha0, self.alphaT + 0.5 ])
```

次にハザード関数を定義する．

```python
def constant_hazard(r, _lambda):
    """ハザード関数
    予測分布が指数関数の場合は観測時点のみに依存
    1/_lambda

    Args:
        r: 観測時間 (np.ndarray or scalar)
        _lambda: ハイパーパラメタ (float)
```

```
    Returns:
      p: 変化点である確率 (np.ndarray with shape = r.shape)
    """
    if isinstance(r, np.ndarray):
        shape = r.shape
    else:
        shape = 1


    # 変化点確率の計算
    probability = np.ones(shape) / _lambda
    return probability
```

ハザード関数および確率密度関数を BayesianOnlineChangePointDetection に引数として与える.

```
# ハザード関数
hazard_func = lambda r: constant_hazard(r, _lambda=10)
# 確率密度関数としてスチューデントの t 分布を用いる
distribution = StudentT()
# 予測分布の確率密度関数の初期化
distribution.reset_params()

bcp = BayesianOnlineChangePointDetection(hazard_func, distribution)
bcp.reset_params()

maxes = np.empty(test_signal.shape)
beliefs = []
# 例では連長の初期状態が必ず 0 になり, 信念は 1.0 になることがわかっているため
# 信念の初期状態を格納しておく
beliefs.append(bcp.beliefs[:,0])

# 推定連長と信念の計算
for i, d in enumerate(test_signal):
    maxes[i], current_belief = bcp.update(d)
    beliefs.append(current_belief)
```

BayesianOnlineChangePointDetection の update メソッドを用いて, 1 時点ずつデータを読み込ませ確率の最も高い連長を当該時点での連長として予測する.

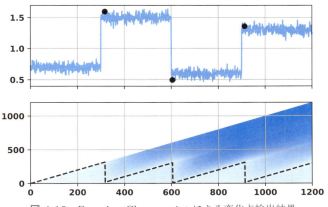

図 4.10 Bayesian Changepoint による変化点検出結果

```
max_len = beliefs[-1].shape[0]
belief_matrix = np.zeros((max_len-1, max_len-1))

for i, belief in enumerate(beliefs):
    belief_matrix[:i+1, i] = belief[:-1]
```

推定結果を以下のコマンドで表示する.

```
fig, ax = plt.subplots(nrows = 2, sharex = True)

ax[0].plot(test_signal, alpha=0.5, label="observation")
ax[1].imshow(-np.log(belief_matrix), interpolation='none', aspect='auto',
             origin='lower', cmap=plt.cm.Blues, label="belief")
ax[1].plot(maxes, '--', color='r', label="run length")
ax[1].set_xlim([0, len(test_signal)])
ax[1].set_ylim([0, ax[1].get_ylim()[1]])
ax[0].grid()
ax[1].grid()
index_changes = np.where(np.diff(maxes)<0)[0]
ax[0].scatter(index_changes, test_signal[index_changes],
              c='green', label="change point")
```

図 4.10 は上のグラフの実線が原系列,丸印が変化点を表しており,下のグラフの破線が連長を,塗りつぶし領域が信念を表している.塗りつぶしの色が薄い領域で信念が高いことに注意してほしい.平均値の周りをランダムに値が動き,変化点が明確な例においては変化点をうまく検出できている.次に2つの変化点間でトレンドがあるデータで検出を試みた例を

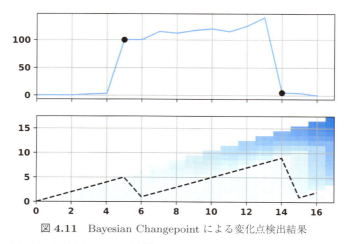

図 4.11 Bayesian Changepoint による変化点検出結果

図 4.11 に示す．図の見方は図 4.10 と同様である．トレンドのあるデータに関してもうまく検出できていることがわかる．

本手法はハザード関数のハイパーパラメタに敏感であるため，ハイパーパラメタの調整は十分に行う必要がある．ハザード関数のハイパーパラメタを大きくすると細かな値の動きに敏感になりノイズに反応しやすく，小さくすると細かな変化に鈍感になる．課題にもよるが，まずは小さな値で試し，徐々に大きくしながら調整していくのが経験的によい．

4.4 深層学習を用いた異常検知

深層学習 (deep learning) の枠組みにおいては，**RNN**(recurrent neural network) を用いて時系列特徴パターンを抽出し，異常スコアを推定することが考えられる．特に RNN の拡張手法である **LSTM**(long short-term memory) を用いれば，単純な RNN では学習できなかった長期的な依存関係を学習することができる．本節では LSTM を用いた異常検出手法である，文献 [5] で提案された **EncDec-AD** について説明する．本手法は，異常データの観測が難しい状況において異常状態を推定しようという意欲的なものであり，現実世界での適応がしやすいモデルを構築できる．下水道プラントなどの稼働を停止することができないインフラ設備では，オーバーホールの際に部品の破損が見つかることも多く，いつ異常が生じたのか明示的にわからないことも多い．明示的に異常の判定をしやすいデータと，そうでないデータの例を図 4.12 に示す．

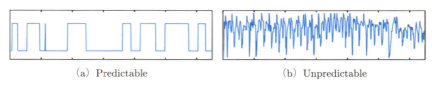

図 4.12　異常ラベルの付与しやすいデータ (a) と付与が難しいデータ (b)（文献 [5] より Fig.1 を引用）

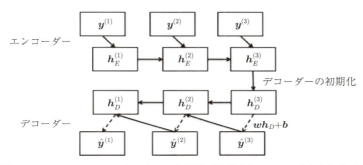

図 4.13　EncDec-AD のネットワーク概要（文献 [5] の Fig.2 をもとに作成）

4.4.1　理論概要

図 4.13 に示すように 2 つの LSTM をエンコーダー (enconder) とデコーダー (decoder) として用いる．エンコーダーは特徴抽出（パターン抽出）を行い，デコーダーはエンコーダーで抽出した特徴を用いて値を推定する役割を担う．ウィンドウサイズ L の部分系列データを $\boldsymbol{Y} = \{\boldsymbol{y}^{(1)}, \ldots, \boldsymbol{y}^{(L)}\}$ とする．ここで，各時点 t_i において $\boldsymbol{y}^{(i)} \in \boldsymbol{R}^m$，つまり入力データは m 次元のベクトルである．入力 $\boldsymbol{Y}$ は正常データであるとし，EncDec-AD の学習手順を以下に示す．

1. $\boldsymbol{Y}$ を入力しエンコーダーで c 次元のベクトルである $\boldsymbol{h}_E^{(L)}$ を計算する．$\boldsymbol{h}_E^{(i)}$ ($i = 1, \ldots, L$) は $\boldsymbol{y}^{(i)}$ を LSTM に入力し $\boldsymbol{h}_E^{(i-1)}$ を更新することで得られる．
2. デコーダーの隠れ状態 $\boldsymbol{h}_D^{(L)}$ を $\boldsymbol{h}_E^{(L)}$ で初期化する．つまり，$\boldsymbol{h}_D^{(L)} = \boldsymbol{h}_E^{(L)}$ であり，$\boldsymbol{h}_D^{(i)}$ と $\boldsymbol{h}_E^{(i)}$ は同次元である．
3. $\boldsymbol{h}_D^{(i)}$ ($i = L, \ldots, 1$) を用いて観測値を推定する．各時点の推定値を $\hat{\boldsymbol{y}}^{(i)}$ とすると，$\hat{\boldsymbol{y}}^{(i)}$ は $\boldsymbol{h}_D^{(i)}$ を用いて以下で表される．

$$\hat{\boldsymbol{y}}^{(i)} = \boldsymbol{w}\boldsymbol{h}_D^{(i)} + \boldsymbol{b}$$

ここで，$\boldsymbol{w}$ は $m \times c$ 次元の全結合層の重み行列であり，$\boldsymbol{b}$ は m 次元のバイアスベクトルである．

4. $\boldsymbol{y}^{(i)}$ をデコーダー側の LSTM に入力し $\boldsymbol{h}_D^{(i-1)}$ を計算する[1].
5. 手順 3 および手順 4 を繰り返し $\hat{\boldsymbol{y}}^{(1)}$ まで計算する.
6. $\boldsymbol{y}^{(i)}$ と $\hat{\boldsymbol{y}}^{(i)}(i=1,\ldots,L)$ を用いて以下のように損失を計算する.

$$\sum_{\boldsymbol{Y}\in s_N}\sum_{i=1}^{L}\|\boldsymbol{y}^{(i)}-\hat{\boldsymbol{y}}^{(i)}\|^2$$

ここで, s_N はトレーニングセット内の正常データであることを示す.
7. 損失が最小になるようにパラメタを更新する.

学習が終わると, モデルから出力された推定値を用いて異常スコアを計算する. パラメタチューニングも含めた手順を以下に示す.

1. 正規分布 $\mathrm{N}(\boldsymbol{\mu},\boldsymbol{\Sigma})$ がバリデーションセット（検証用データ）v_{N1} にフィットするように最尤推定でパラメタ $\boldsymbol{\mu}$ および $\boldsymbol{\Sigma}$ を求める.
2. v_{N1} を用いて残差 $\boldsymbol{e}^{(i)}=|\boldsymbol{y}^{(i)}-\hat{\boldsymbol{y}}^{(i)}|$ を計算する.
3. $\boldsymbol{y}^{(i)}$ が入力されたときの異常スコアは手順 2 を用いて以下で計算できる.

$$a^{(i)}=(\boldsymbol{e}^{(i)}-\boldsymbol{\mu})'\boldsymbol{\Sigma}^{-1}(\boldsymbol{e}^{(i)}-\boldsymbol{\mu})$$

4. τ を異常判定を行うための閾値とし, $a^{(i)}>\tau$ であればウィンドウ内の L 個のデータを異常であると判定する.
5. 最後にハイパーパラメタのチューニングをバリデーションセット v_{N2} および v_A（異常データセット）を使用して行う.
   a. F 値を以下で算出する.

$$F_\beta=\frac{(1+\beta^2)\times P\times R}{\beta^2 P+R}$$

ここで, P は適合率, R は再現率であり, 「異常」を陽性, 「正常」を陰性とする. また, β はハイパーパラメタであり, 異常ラベルが付与されたウィンドウ内の実際の異常データは少なく, 再現率が低くなることが想定されるため $\beta<1$ と設定する. β を設定した後に, F_β が最大となるように閾値 τ および LSTM の隠れ層の次元数 c を調整する.

---

1) トレーニング時は $\boldsymbol{y}^{(i)}$ を, テスト時は $\hat{\boldsymbol{y}}^{(i)}$ を入力とする.

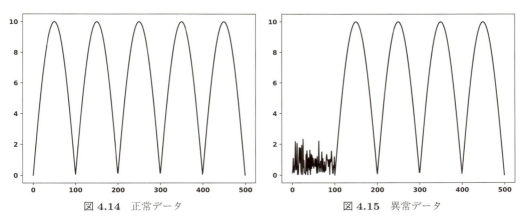

図 4.14　正常データ　　　　　　　図 4.15　異常データ

4.4.2　EncDec-AD の実装例

本節では TensorFlow による異常データの検出の実装例を示す．ライブラリは pip で以下のようにインストール[2]できる．

```
$ pip install tensorflow==2.0.0-alpha0
```

本項でもダミーデータを用いて検証する．

正常データを図 4.14 に，異常データを図 4.15 に示す．図 4.14 に示した正常データのみで学習を行い，異常データが入力された際の異常スコアを計算する．

EncDec-AD にはエンコーダ側の LSTM とデコーダー側の LSTM の 2 つが含まれ，それぞれ役割が異なる．2 つの LSTM がメインのネットワーク構成要素であるため，まず 2 つの LSTM のコードを示す．最初にエンコーダー側の LSTM を示し，次にデコーダー側の LSTM を示す．

```python
class FRNN(tf.keras.Model):
    """エンコーダー
    """

    def __init__(self, hidden_dim):
        super().__init__()
        # v2.0 alpha 版では tf.keras.layers と tf.nn で完全な互換性がない
        # 一部 v1.x のクラスを使用している
        self.lstm = tf.compat.v1.nn.rnn_cell.LSTMCell(num_units=hidden_dim,
                                                     state_is_tuple=True)

    def call(self, input_seq):
```

---

2)　執筆時点ではアルファ版の提供となっているため，"==2.0.0-alpha0"の指定が必要．

```python
        batch_size = input_seq.shape[1]
        # LSTM の状態初期化
        state = self.lstm.zero_state(batch_size, tf.float32)

        X = tf.transpose(input_seq, [1, 0, 2])
        _, state = tf.compat.v1.nn.dynamic_rnn(self.lstm,
                                               X,
                                               initial_state=state)

        return state

class BRNN(tf.keras.Model):
    """デコーダー
    """

    def __init__(self, hidden_dim, n_dim_obs=1, training=True):
        super().__init__()
        # デコーダー側の LSTM
        self.lstm = \
            tf.compat.v1.nn.rnn_cell.LSTMCell(num_units=hidden_dim,
                                              state_is_tuple=True)
        # 隠れ層の状態をもとに出力値を計算するための全結合層
        self.out_linear = tf.keras.layers.Dense(
            n_dim_obs,
            kernel_initializer=tf.random_uniform_initializer(-0.1, 0.1))
        # 教師データを入力し LSTM の隠れ層の次元に合わせる全結合層
        self.shape_linear = tf.keras.layers.Dense(
            hidden_dim,
            activation=tf.tanh,
            kernel_initializer=tf.random_uniform_initializer(-0.1, 0.1))
        self.n_dim_obs = n_dim_obs
        self.training = training

    def predict(self, state, seq_size):
        """推論用のメソッド
        """

        outputs = []
        # t 時点の出力
        # state は [hidden_state, cell_state] を保持している
```

```python
        output = self.out_linear(state[0])
        outputs.insert(0, output)
        for _ in range(1, seq_size):
            # 次元を LSTM の隠れ状態に合わせる
            inp = self.shape_linear(output)
            _, state = self.lstm(inp, state)
            # 隠れ状態から出力値を算出する
            output = self.out_linear(state[0])
            outputs.insert(0, output)
        return outputs

    def train(self, input_seq, state, seq_size):
        """訓練用のメソッド
        predict とほぼ同じ処理だが，観測データを使ってデコードする
        """

        outputs = []
        output = self.out_linear(state[0])
        outputs.insert(0, output)
        for t in reversed(range(1, seq_size)):
            inp = self.shape_linear(input_seq[t])
            out, state = self.lstm(inp, state)
            output = self.out_linear(state[0])
            outputs.insert(0, output)
        return outputs

    def call(self, f_lstm_latest_state, seq_size, input_seq=None):
        batch_size = f_lstm_latest_state[0].shape[0]
        # LSTM の状態の初期化
        self.lstm.zero_state(batch_size, tf.float32)

        # エンコーダーの最後の状態をデコーダーの初期状態とする
        state = f_lstm_latest_state[0]

        # 訓練
        if self.training:
            outputs = self.train(input_seq, f_lstm_latest_state, seq_size)
        # 推論
        else:
```

176   4.4 深層学習を用いた異常検知

```
        outputs = self.predict(f_lstm_latest_state, seq_size)
    return tf.stack(outputs, axis=0)
```

上で示した 2 つの LSTM を用いてモデルを構築する.

```
class EncDecAD(tf.keras.Model):
    """EncDec-AD の本体
    """

    def __init__(self,
                 hidden_dim,
                 n_dim_obs=1,
                 training=True):
        super().__init__()

        # 観測値の次元
        self.n_dim_obs = n_dim_obs
        # エンコーダー
        self.f_lstm = FRNN(hidden_dim)
        # デコーダー
        self.b_lstm = BRNN(hidden_dim, n_dim_obs, training)
        self.trainig = training

    def reset(self, training):
        self.b_lstm.training = training

    def call(self, input_seq, training=True):
        # エンコーダー/デコーダーの training オプションの初期化
        self.reset(training)

        batch_size = input_seq.shape[1]
        seq_size = input_seq.shape[0]

        # エンコーダー側の処理の実行
        h = self.f_lstm(input_seq)
        # デコーダー側の処理の実行
        outputs = self.b_lstm(h, seq_size, input_seq=input_seq)
        return outputs
```

続いて損失関数を定義する.

```python
def loss_fn(model, inputs, targets, training):
    """損失計算メソッド
    """
    seq_len, b_size, n_dim_obs = inputs.shape
    labels = tf.reshape(targets, [-1])
    outputs = model(inputs, training)
    # データ長に影響されるため mean_squared_error は使えない
    # 愚直に二乗平方和を計算する
    individual_losses = tf.math.reduce_sum(
        tf.math.squared_difference(outputs, targets), axis=1)
    loss = tf.math.reduce_sum(individual_losses)
    return loss, outputs
```

続けて，学習後のモデルを用いて異常スコアを計算する関数を定義しておく．

```python
def anomaly_score(outputs, targets, normal_data):
    """異常スコアの計算メソッド
    """
    seq_length, batch_size, n_dim_obs = targets.shape

    eval_residual = np.abs(outputs - targets)
    normal_residual = np.abs(outputs - normal_data)

    res_mu = normal_residual.mean(axis=(0,1))
    res_sig = normal_residual.std(axis=(0,1))
    res_sig_inv = np.linalg.pinv(res_sig) if res_sig.shape[0]>1 else 1/res_sig

    diff_mu = (eval_residual - res_mu).transpose(1,0,2).reshape(-1, n_dim_obs)
    if len(res_sig_inv)==1:
        scores = diff_mu / res_sig_inv * diff_mu
    else:
        scores = diff_mu.dot(res_sig_inv) * diff_mu
    return scores.sum(axis=1)
```

最後にトレーニングについての関数の定義を行うが，その前にダミーデータ生成用のクラスと時系列データをモデルに投入するためのヘルパー関数を定義する．

```python
class Datasets(object):
    """ダミーデータの生成
    """
```

178   4.4 深層学習を用いた異常検知

```python
    def __init__(self):
        # 訓練データ
        t = np.linspace(0, 5*np.pi, 500)
        self.train = 10 * np.sin(t).reshape(-1,1)
        self.train = np.tile(np.abs(self.train), (32, 1)).astype('f')

        # テストデータ
        t = np.linspace(0, 4*np.pi, 400)
        self.valid = 10 * np.sin(t).reshape(-1,1)
        self.valid = np.concatenate(
            (np.random.randn(100).reshape(100,1), self.valid),
            axis=0)
        self.valid = np.tile(np.abs(self.valid), (4, 1)).astype('f')

def _divide_into_batches(data, batch_size):
    """系列データを EncDec-AD への入力用に成形する
    """
    n_time, n_dim_obs = data.shape
    nbatch = n_time // batch_size
    data = data[:nbatch * batch_size]
    data = data.reshape(batch_size, -1, n_dim_obs).transpose((1,0,2))
    return data

def _get_batch(data, i, seq_len):
    """バッチごとにデータを取得する
    """
    slen = min(seq_len, data.shape[0] - i)
    inputs = data[i:i + slen]
    target = inputs.copy()
    # tensorflow の op（オペレーション，計算グラフのノード）に変換
    # data は変数ではないので constant とする
    return tf.constant(inputs), tf.constant(target)
```

上で作成したモデルおよび関数群を用いてトレーニング用のメソッドを定義する.

```python
def train(model, optimizer, train_data, sequence_length, clip_ratio,
          training=True):
    """1 エポック分の学習
    """
```

```python
    def model_loss(inputs, targets):
        return loss_fn(model, inputs, targets, training=training)[0]


    total_time = 0
    batch_start_idx_range = range(0, train_data.shape[0]-1, sequence_length)
    for batch, i in enumerate(batch_start_idx_range):
        # バッチごとにデータを取得
        train_seq, train_target = _get_batch(train_data, i, sequence_length)
        start = time.time()
        with tf.GradientTape() as tape:
            loss, _ = loss_fn(model, train_seq, train_target, training)
        # 勾配計算
        grads = tape.gradient(loss, model.trainable_variables)

        # パラメタ更新
        optimizer.apply_gradients(zip(grads, model.trainable_variables))

        total_time += (time.time() - start)
        if batch % 10 == 0:
            time_in_ms = (total_time * 1000) / (batch + 1)
            sys.stderr.write(
                "batch %d: training loss %.2f, avg step time %d ms\n" %
                    (batch, model_loss(train_seq, train_target).numpy(),
                     time_in_ms))
```

さらに学習の進行度合いを確認するための関数を定義する.

```python
def evaluate(args, model, eval_data, train_data, training=False):
    """エポックごとの評価
    損失と異常スコアを計算
    """
    total_loss = 0.0
    total_batches = 0
    start = time.time()
    l_scores = []
    for _, i in enumerate(range(0, eval_data.shape[0], args.seq_len)):
        # バッチごとにデータを取得
        inp, target = _get_batch(eval_data, i, args.seq_len)
```

第 4 章

異常検知

```python
        # 損失計算
        loss, outputs = loss_fn(model, inp, target, training=training)
        total_loss += loss.numpy()
        total_batches += 1


        _, batch_size, _= inp.shape
        # 異常スコアの計算
        scores = anomaly_score(outputs, target, train_data[:, :batch_size])
        l_scores.append(scores)

    time_in_ms = (time.time() - start) * 1000
    sys.stderr.write("eval loss %.2f (eval took %d ms)\n" %
                     (total_loss / total_batches, time_in_ms))
    return total_loss, l_scores, outputs
```

最後にデータの準備, 学習, 評価, 結果表示を行うメインループを定義する.

```python
def main(args):
    if not args.data_path:
        raise ValueError("Must specify --data-path")
    # データセットの読み出し
    data = Datasets()
    # EncDec-AD への入力用に成形した訓練データの作成
    train_data = _divide_into_batches(data.train, args.batch_size)
    # EncDec-AD への入力用に成形したテストデータの作成
    eval_data = _divide_into_batches(data.valid, args.eval_batch_size)

    # GPU の有無の確認
    have_gpu = context.num_gpus() > 0

    # デバイスの割り当て (GPU デバイスが検出されない場合は使わない)
    with tf.device("/device:GPU:0" if have_gpu else None):
        # 学習係数
        # 学習係数は変化するので Variable で定義
        learning_rate = tf.Variable(args.learning_rate, name="learning_rate")
        sys.stderr.write("learning_rate=%f\n" % learning_rate.numpy())
        # EncDecAD クラスのインスタンス作成
        model = EncDecAD(args.hidden_dim, args.training)
        # オプティマイザーオブジェクトの作成
        optimizer = tf.keras.optimizers.Adam(learning_rate)
```

```python
best_loss = None
cnt = 0
# エポックごとのループ
for _ in range(args.epoch):
    # 訓練
    train(model, optimizer, train_data, args.seq_len, args.clip)
    # 評価
    eval_loss, l_scores, outputs = evaluate(args,
                                            model,
                                            eval_data,
                                            train_data)
    # テストデータを使った評価での損失が下がった場合
    if not best_loss or eval_loss < best_loss:
        best_loss = eval_loss
        cnt = 0
    # テストデータを使った評価での損失が下がらなかった場合
    else:
        cnt -= 1
        # 6回連続で下がらなかった場合
        if cnt>5:
            # 学習係数を 1/1.2 倍する
            learning_rate.assign(max(learning_rate/1.2, .002))
            sys.stderr.write(
                "eval_loss did not reduce in this epoch, "
                "changing learning rate to %f for the next epoch\n" %
                    learning_rate.numpy())
            cnt = 0

scores = l_scores[0]
for score in l_scores[1:]:
    scores = np.concatenate((scores, score))
# 結果の表示
plt.plot(data.train[:len(data.valid)],
        color='g', alpha=0.5, label="normal")
plt.plot(data.valid,
        ':', color='b', alpha=0.5, label="anomalous")
plt.plot(outputs.numpy().transpose(1,0,2).flatten(),
        '--', color='y', label="predict")
```

4.4 深層学習を用いた異常検知

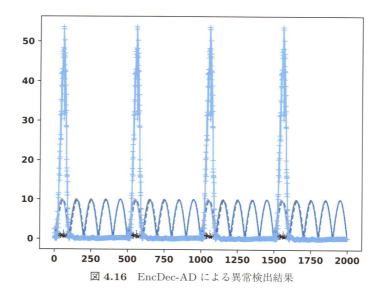

図 4.16 EncDec-AD による異常検出結果

```
plt.plot(scores, '+-', color='r', alpha=0.3, label="score")
plt.show()
```

学習済みモデルによる異常スコア推定の結果を図 4.16 に示す．点線（黒）が入力系列，破線（青）がモデルの推定値，+線（薄い青）が異常スコアを示している．

図をみると正常系列にはないパターンがみられる箇所で異常スコアが高くなっており，正常系列の学習のみから異常を検出できることが確認できた．正常系列がはっきりわかっており，異常な状態がよくわからないデータについては EncDec-AD のような手法を適用することは有効である．

Appendix

NumPy，Pandas，TensorFlow の基本操作について説明する．網羅的に書くことは不可能であるため，必要最低限の説明にとどまっていることに留意してほしい．

A.1　NumPy の基礎

NumPy は Python における科学計算の基本パッケージである．特徴としては以下のとおりである．

- 強力な N 次元配列オブジェクト
- 洗練されたブロードキャスティング機能
- C/C++と Fortran コードを統合
- 線形代数，フーリエ変換，乱数関数などが豊富

インストール

まず，インストール方法およびインポートについて説明する．ターミナルで以下のコマンドを打つことで非常に簡単にインストールできる．なお，Anaconda 環境を使用している場合，NumPy はインストール済みである．

```
$ pip install numpy
```

もしくは

```
$ conda install numpy
```

conda でインストールした場合は MKL が行列演算ライブラリとして使用されるため，pip

184　A.1　NumPy の基礎

でインストールした場合と比較して Intel の CPU 上での計算が高速になる．MKL の使用による速度の向上について興味がある場合は https://software.intel.com/en-us/distribution-for-python/benchmarks を見てほしい．

インポートは以下のように行う．

```
import numpy
```

以下のように as を使って名前空間を np に変更することが多い．

```
import numpy as np
```

データ IO

NumPy では NumPy バイナリファイル，テキストファイル，バイナリファイルの読み出し／書き込み (IO: input/output) が可能である．ここでは利用頻度の高い NumPy バイナリファイル，テキストファイルの IO について例を示す．読み出し／書き込みは以下のように行う．

● **NumPy** バイナリファイル (.npy)

1 ファイルに ndarray をバイナリフォーマットで 1 つ保存できる．

```
in_data = np.arange(10)
# NumPy バイナリ形式で test.npy というファイル名で保存
np.save('test.npy', in_data)

out_data = np.load('test.npy')
print(out_data)
```

```
[0 1 2 3 4 5 6 7 8 9]
```

● **NumPy** バイナリファイル (.npz)

np.savez を使うと複数の ndarray を名前付きで保存できる．np.load は拡張子で保存形式を判断しているため，拡張子は.npy ではなく.npz にしなければならない．

```
in_data1 = np.arange(10)
in_data2 = np.arange(3)*10
```

```
np.savez('test.npz', x=in_data1, y=in_data2)
# savez_compressed だとデータを圧縮して保存できる
# np.savez_compressed('test.npz', x=in_data1, y=in_data2)

out_data3 = np.load('test.npz')
print(out_data3['x'])
print(out_data3['y'])
```

```
[0 1 2 3 4 5 6 7 8 9]
[ 0 10 20]
```

● テキストファイル

np.savetxt を使うと 2 次元配列の ndarray を CSV や TSV などのテキストファイルに保存できる．保存したファイルを読み出すには np.loadtxt を使う．区切り文字は delimiter オプションで指定する（デフォルトは半角スペース）．CSV であれば delimiter=',' と指定し，TSV であれば delimiter='\t' と指定する．

```
in_data = np.arange(9).reshape(3,3)
np.savetxt('test.csv', in_data, delimiter=',')

out_data = np.loadtxt('test.csv', delimiter=',')
print(out_data)
```

```
[[0. 1. 2.]
 [3. 4. 5.]
 [6. 7. 8.]]
```

test.csv の出力結果は以下のようになる．

```
0.000000000000000000e+00,1.000000000000000000e+00,2.000000000000000000e+00
3.000000000000000000e+00,4.000000000000000000e+00,5.000000000000000000e+00
6.000000000000000000e+00,7.000000000000000000e+00,8.000000000000000000e+00
```

データ操作

　NumPy のデータ生成，型変換，形状変形，四則演算，統計量計算，乱数発生，分布からのサンプリングについて簡単に説明する．

186   A.1 NumPy の基礎

● データ生成およびデータ型の変換

以下にデータ生成についていくつかの例をあげる．シーケンシャルな整数の発生には
np.arange，初期化をしたベクトルや行列を生成する場合は np.zeros などを使用する．初
期化が必要ない場合は np.empty を用いてメモリのみ確保することが多い．データ型について
は，データ生成時に dtype 引数で指定することができる．また，処理の途中でデータ型を変
えたい場合は，data.astype('i') のように.astype() を使用して型を変換できる．

```
# int32 型のシーケンシャルな整数の発生
data = np.arange(5)
print(data)
print(data.dtype)
```

```
[0 1 2 3 4]
int32
```

```
# 要素数 5，要素がすべて 0 のベクトルを生成
data = np.zeros(5)
print(data)
```

```
[0. 0. 0. 0. 0.]
```

```
# 要素数 5，要素がすべて 1 のベクトルを生成
# np.ones や np.zeros で発生させたデータは型を指定しなければ float64 となる
data = np.ones(5)
print(data)
print(data.dtype)
```

```
[1. 1. 1. 1. 1.]
float64
```

```
# int32 に型指定して同じく次元 5，要素がすべて 1 のベクトルを生成
data = np.ones(5, dtype='i')
print(data)
print(data.dtype)
```

```
[1 1 1 1 1]
int32
```

```
# データ型を int64 に変換する
data = data.astype(dtype='int64')
print(data.dtype)
```

```
int64
```

```
# 値の初期化を行わずメモリ確保のみを行う
# すべてのデータを上書きする場合に使用する
# ここではデータ型は float32 としている
data = np.empty(5, dtype='f')
print(data)
print(data.dtype)
```

```
[0.e+00 1.e-45 3.e-45 4.e-45 6.e-45]
float32
```

● 形状変形

NumPy における形状変更には **np.reshape**，次元の入れ替えには **np.transpose** が用いられる．以下に例を示す．

```
# 0 から 26 までの整数を 27 個発生し，3 × 3 × 3 の大きさのデータに変形する
data = np.arange(27).reshape(3,3,3)
print(data.shape)
```

```
(3, 3, 3)
```

```
print(data)
```

```
[[[ 0  1  2]
  [ 3  4  5]
  [ 6  7  8]]
```

188   A.1 NumPy の基礎

```
 [[ 9 10 11]
  [12 13 14]
  [15 16 17]]

 [[18 19 20]
  [21 22 23]
  [24 25 26]]]
```

```
# 上で作成したデータの次元の入れ替えを行う
# ここでは 1 次元目と 0 次元目を入れ替えている
# 入れ替え後にデータがどのようになっているかは出力にて確認してほしい
data2 = data.transpose((1,0,2))
print(data2.shape)
```

```
(3, 3, 3)
```

```
print(data2)
```

```
[[[ 0  1  2]
  [ 9 10 11]
  [18 19 20]]

 [[ 3  4  5]
  [12 13 14]
  [21 22 23]]

 [[ 6  7  8]
  [15 16 17]
  [24 25 26]]]
```

● 四則演算

NumPy の特徴として強力なブロードキャスティング機能がある．NumPy で計算をする際には，個々の要素にアクセスするよりもブロードキャスティング機能を活用したほうが高速に計算できる．ブロードキャスティング機能を活用した計算例を以下に示す．

```python
# 0 から 8 までの 9 個の整数を発生し，3 × 3 の行列に成形
data = np.arange(9).reshape(3,3)
print(data.shape)
```

```
(3, 3)
```

```python
print(data)
```

```
[[0 1 2]
 [3 4 5]
 [6 7 8]]
```

```python
# 各要素に 1 を加算
print(data+1)
```

```
[[1 2 3]
 [4 5 6]
 [7 8 9]]
```

```python
# 各要素に 2 を乗算
print(data*2)
```

```
[[ 0  2  4]
 [ 6  8 10]
 [12 14 16]]
```

```python
# 値が 2 の倍数である要素を 0 で置き換える
# np.where の第 2 引数は第 1 引数が True の要素の値
# 第 3 引数は第 1 引数が False の要素の値
# （ベクトルや行列などの場合は該当する要素で置き換えられる）
print(np.where(data%2==0 , 0, data))
```

```
[[0 1 0]
 [3 0 5]
 [0 7 0]]
```

190   A.1   NumPy の基礎

```
# 行列とベクトルの要素同士の積
print(data*np.arange(3))
```

```
[[ 0  1  4]
 [ 0  4 10]
 [ 0  7 16]]
```

● 統計量の計算

NumPy には統計量を簡単に計算するための機能が備わっている．以下では平均，合計，標準偏差，分散の計算例を示す．

```
# 0 から 8 までの 9 個の整数を発生し，3 × 3 の行列に成形
data = np.arange(9).reshape(3,3)
print(data)
```

```
[[0 1 2]
 [3 4 5]
 [6 7 8]]
```

```
# 平均の計算
print(data.mean())
```

```
4.0
```

```
# 合計の計算
print(data.sum())
```

```
36
```

```
# 標準偏差の計算
print(data.std())
```

```
2.581988897471611
```

```
# 分散の計算
print(data.var())
```

```
6.666666666666667
```

```
# 行方向の総和を計算
print(data.sum(axis=0))
```

```
[ 9 12 15]
```

```
# 列方向の総和を計算
print(data.sum(axis=1))
```

```
[ 3 12 21]
```

● 乱数の発生とサンプリング

NumPy には様々な分布からのサンプリング（乱数発生）機能が用意されている．以下に代表的な分布からのサンプリング方法の例を示す．

```
# 一様分布からのサンプリング
data = np.random.rand(10)
print(data)
```

```
[0.29911987 0.18351006 0.41303457 0.16788519 0.58292562 0.29301324
 0.51111861 0.37421577 0.5157049  0.33214631]
```

```
# 標準正規分布からのサンプリング
data = np.random.randn(10)
print(data)
```

```
[ 0.367323    0.64832619  1.40016848  0.89204253  1.17622721  0.31154924
 -0.27952346 -0.01653529  0.41242565 -0.49680608]
```

192   A.1 NumPy の基礎

```python
# 平均 20, 標準偏差 5 の正規分布からのサンプリング
data = np.random.normal(20,5,size=10)
print(data)
```

```
[20.83946269 11.54738092 19.13829149 24.46841133 19.64333178 25.84185298
 25.20118983 13.36494415 17.14410806  9.51304862]
```

```python
# サンプル数 100, 母集団比率 0.5 の二項分布からのサンプリング
# 直観的には確率 p でオモテが出るコインを n 回投げてオモテが出る回数と考えてよい
data = np.random.binomial(n=100, p=0.5, size=10)
print(data)
```

```
[50 47 49 56 53 51 38 53 47 58]
```

```python
# 平均 10 のポアソン分布からのサンプリング
# ポアソン分布は稀にしか起きない現象を長時間観測したときに起きる回数の分布
data = np.random.poisson(lam=10, size=10)
print(data)
```

```
[16  9 11  7 10  7  7 12 14 10]
```

上で紹介した分布以外にも多くの分布が用意されている．詳しくは https://docs.scipy.org/doc/numpy-1.16.1/reference/routines.random.html を参照してほしい．また，リストや NumPy Array からのランダム抽出機能も用意されている．以下に例を示す．

```python
data = np.arange(10)

# 5 個をランダム抽出（重複あり）
selected = np.random.choice(data, 5)
print(selected)
```

```
[4 1 6 0 4]
```

```python
# 5 個をランダム抽出（重複なし）
selected = np.random.choice(data, 5, replace=False)
print(selected)
```

```
[7 8 9 6 2]
```

```
# 重み
weight = [0.05, 0.05, 0.3, 0.1, 0.02, 0.03, 0.05, 0.1, 0.2, 0.1]
# 指定した重みにもとづいて 1 つの値を抽出
selected = np.random.choice(data, p=weight)
print(selected)
```

```
2
```

● 線形代数

内積計算，固有値計算，逆行列計算などを実行できる機能が用意されている．まずは内積計算の例を示す．

```
# ベクトルの内積
result = np.dot([1, 2], [2, 3])
print(result)
```

```
8
```

```
# 複素数を扱うこともできる
result = np.dot([1j, 2j], [2j, 3j])
print(result)
```

```
(-8+0j)
```

```
# 2 × 2 次元行列同士の積を計算
a = [[2, 1], [1, 2]]
b = [[4, 2], [2, 1]]
result = np.dot(a, b)
print(result)
```

```
[[10  5]
 [ 8  4]]
```

194   A.1 NumPy の基礎

```
# NumPy Array を起点に計算を行う場合は，同様の操作を以下のように行うことができる
a = np.array([[2, 1], [1, 2]])
b = [[4, 2], [2, 1]]
result = a.dot(b)
print(result)
```

```
[[10  5]
 [ 8  4]]
```

次に固有値計算の例を示す．

```
data = np.array([[3, 1], [2, 4]])
w, v = np.linalg .eig(data)
# 固有値
print(w)
```

```
[2. 5.]
```

```
# 固有ベクトル（正規化済）
print(v)
```

```
[[-0.70710678 -0.4472136 ]
 [ 0.70710678 -0.89442719]]
```

最後に逆行列計算の例を示す．

```
data = np.array([[1, 2], [3, 4]])

# 逆行列の計算
result = np.linalg.inv(data)
print(result)
```

```
[[-2.   1. ]
 [ 1.5 -0.5]]
```

```
# A・A^{-1}が単位行列になることを確認
```

```
data_inv = np.linalg.inv(data)
result = data.dot(data_inv)
print(result)
```

```
[[1.00000000e+00 1.11022302e-16]
 [0.00000000e+00 1.00000000e+00]]
```

```
# ムーア・ペンローズの擬似逆行列の計算
data = np.array([[1, 2], [3, 4]])
data_pinv = np.linalg.pinv(data)
print(data_pinv)
```

```
[[-2.   1. ]
 [ 1.5 -0.5]]
```

```
result = data.dot(data_pinv)
print(result)
```

```
[[ 1.0000000e+00 -4.4408921e-16]
 [ 8.8817842e-16  1.0000000e+00]]
```

```
# 正則ではない行列での逆行列の計算
data = np.array([[1, 2], [2, 4]])

# np.linalg.inv では計算できずエラー
# data_inv = np.linalg.inv(data)
# raise error
```

```
LinAlgError: Singular matrix
```

```
# 擬似逆行列の計算
data_pinv = np.linalg.pinv(data)
print(data_pinv)
```

```
[[0.04 0.08]
 [0.08 0.16]]
```

```
result = data.dot(data_pinv)
print(result)
```

```
[[0.2 0.4]
 [0.4 0.8]]
```

　上の例からわかるように，非正則な行列であってもムーア・ペンローズの擬似逆行列で計算をすれば計算が可能である．しかし，対象の行列と逆行列の積を計算した結果は単位行列とはならない．これは，ムーア・ペンローズの擬似逆行列では計算できる最も解に近い行列を計算しているためである．つまり計算できる中で最善の値を計算していることになる．

A.2　Pandas の基礎

　Pandas は，データを簡単かつ直感的に扱えるように設計された，高速で柔軟性があり表現力の高いデータ構造を提供する Python パッケージである．公式ドキュメントには特徴として以下があげられている．

- 欠損データおよび非数（NaN として表される）の簡単な処理
- サイズの変更：DataFrame オブジェクトに列を挿入したり削除したりすることが可能
- 自動的かつ明示的なデータ整列
- 強力で柔軟なグループ化機能
- Python と NumPy で生成されたデータを DataFrame オブジェクトに簡単に変換可能
- ラベルベースのスライシング，索引づけ，大規模なデータセットのサブセット化
- 直感的なマージとデータセットの結合
- 階層的なラベルづけ
- フラットファイル（CSV ファイルや TSV ファイルなど），Excel ファイル，データベース，HDF5 形式のデータの保存／読み出しを実行する強力な IO ツール
- 時系列固有の機能：日付範囲操作，ウィンドウ内の統計量計算，日付シフトなど

インストール

まず，インストール方法およびインポートについて説明する．ターミナルで以下のコマンドを打つことで非常に簡単にインストールできる．

```
$ pip install pandas
```

もしくは

```
$ conda install pandas
```

インポートは以下のように行う．

```
import pandas
```

以下のように as を使って名前空間を pd に変更することが多い．

```
import numpy as pd
```

データ IO

特徴の紹介で書いたとおり，Pandas ではフラットファイル，Excel ファイル，データベース，HDF5 形式のファイルが扱える．ここでは，使用頻度の高いフラットファイルにおける IO の説明をする．まず，`test_header.csv` という名前の以下のデータが格納されたファイルを読み出す．

```
c1,c2,c3
0.000000000000000000e+00,1.000000000000000000e+00,2.000000000000000000e+00
3.000000000000000000e+00,4.000000000000000000e+00,5.000000000000000000e+00
6.000000000000000000e+00,7.000000000000000000e+00,8.000000000000000000e+00
```

このファイルを読み出すには以下のようにコマンドを打てばよい．

```
df = pd.read_csv('test_header.csv')
print(type(df))
```

```
<class 'pandas.core.frame.DataFrame'>
```

```
print(df)
```

```
      c1   c2   c3
0   0.0  1.0  2.0
1   3.0  4.0  5.0
2   6.0  7.0  8.0
```

print の表示結果からわかるように，df は Pandas の DataFrame オブジェクトである．df の標準出力における，0,1,2 は index，c1,c2,c3 はヘッダーラベル（カラム名）である．上の例はもとのデータにラベルが付いている場合の例である．次にもとのデータにラベルが付いていないデータの読み出しの例を示す．データは test.csv に以下のデータが格納されているとする．

```
0.000000000000000000e+00,1.000000000000000000e+00,2.000000000000000000e+00
3.000000000000000000e+00,4.000000000000000000e+00,5.000000000000000000e+00
6.000000000000000000e+00,7.000000000000000000e+00,8.000000000000000000e+00
```

データにカラムラベルが付いていない場合は，header 引数を None とする．header 引数を None とした場合，適当な整数がカラムラベルとして付与される．

```
df = pd.read_csv('test.csv', header=None)
print(df)
```

```
      0    1    2
0   0.0  1.0  2.0
1   3.0  4.0  5.0
2   6.0  7.0  8.0
```

TSV ファイルを読み出す場合は sep 引数に '\t' を指定すればよい．DataFrame では sep 引数でデリミタを指定できる．

次に DataFrame オブジェクトをファイルに出力する方法を説明する．DataFrame オブジェクトの df には以下のようにデータが格納されいるとする．

```
print(df)
```

```
      c1   c2   c3
0   0.0  1.0  2.0
1   3.0  4.0  5.0
2   6.0  7.0  8.0
```

CSV ファイルは以下のように出力する.

```
df.to_csv('output.csv')
```

データは以下のようにファイル出力される.

```
,c1,c2,c3
0,0.0,1.0,2.0
1,3.0,4.0,5.0
2,6.0,7.0,8.0
```

オプションで指定しないと index とカラムラベルもすべて出力される. index が不要な場合は以下のように index 引数に False を指定する.

```
df.to_csv('output.csv', index=False)
```

```
c1,c2,c3
0.0,1.0,2.0
3.0,4.0,5.0
6.0,7.0,8.0
```

index と同じようにカラムラベルの不要な場合は, header 引数に False を指定すればよい.

● データ操作の基本

時系列データの操作を中心に説明する. 説明で使用するデータは標準正規分布からサンプリングした 20 個のデータとする.

```
ts_data = np.random.randn(20)
df = pd.DataFrame(ts_data, columns=['c1'])
print(df)
```

```
          c1
0    0.148227
1    0.353487
2   -1.087250
3    0.247096
4   -0.156840
```

```
 . . .
15   0.997778
16   1.775045
17  -1.337874
18   0.798311
19  -1.762909
```

時系列データを扱う際に局所的な変化を除去して大雑把な傾向をつかむために移動平均を計
算することがある．Pandas では rolling と mean を使って以下のように移動平均値を計算す
ることができる．

```
# rolling で 4 時点ずつのデータを保持
# その後 4 時点ずつのデータに対して mean() で平均値を計算
move_avg = df.rolling(window=4).mean()
print(move_avg)
```

```
            c1
0          NaN
1          NaN
2          NaN
3    -0.084610
4    -0.160877
 . . .
15    0.080000
16    0.533766
17    0.343503
18    0.558315
19   -0.131857
```

ウィンドウサイズ 4 の移動平均値を計算する場合，前時点のデータを使用するため，最初
の 3 時点は NaN となる．Pandas の特徴で説明したように，Pandas は NaN を無視して計算し
てくれるため，move_avg+1 のような計算をしてもエラーは生じず，NaN 以外の値に 1 が加算
される．また，Pandas の DataFrame とスカラの計算をした場合，NumPy のブロードキャス
ティングと同じように計算がされる．NaN を柔軟に処理してくれるのは素晴らしい機能で
あるのだが，NaN を保持しておく必要がない場合も多い．その場合，以下のように dropna で
NaN を消去してしまうのが望ましい．

```
dna_move_avg = move_avg.dropna().reset_index(drop=True)
print(dna_move_avg)
```

```
          c1
0   -0.084610
1   -0.160877
2   -0.139977
3   -0.079720
4    0.400143
....
12   0.080000
13   0.533766
14   0.343503
15   0.558315
16  -0.131857
```

　ここで，`reset_index` は index の番号を振り直すものである．`reset_index` の処理をしなかった場合は index の先頭の値は 3 となる．また，`reset_index` の drop 引数に True を渡すことで index が二重で付与されることを防いでいる．なお，`df.rolling(window=4).sum()` とすれば 4 時点ごとの合計値の計算ができ，移動平均以外の計算も可能である．

　`apply` メソッドを使って同じ計算を行うこともできる．

```
move_avg = df.rolling(window=4).apply(np.mean)
print(move_avg)
```

```
          c1
0        NaN
1        NaN
2        NaN
3   -0.084610
4   -0.160877
...
15   0.080000
16   0.533766
17   0.343503
18   0.558315
19  -0.131857
```

　`apply` メソッドは引数に関数をとり，受け取った関数を要素やベクトルに対して適用する．これにより，`mean` や `sum` などの既存の集約関数だけでなく独自の処理を適用することが可能となる．

202   A.2   Pandas の基礎

次に，階差（例えば前時点と現時点の差）を計算する方法について説明する．

```python
# diff はデフォルトで 1 時点前との差を計算する
# df.diff(2) とすれば 2 時点前との差が計算可能
df_diff = df.diff().dropna().reset_index(drop=True)
print(df_diff)
```

```
          c1
0     0.205259
1    -1.440736
2     1.334346
3    -0.403936
4     0.593926
...
14    1.058714
15    0.777266
16   -3.112919
17    2.136185
18   -2.561219
```

● 可視化

Pandas には可視化機能も付いており，DataFrame 内のデータを簡単に可視化することができる．例えば先ほど使用した **df_diff** の折れ線グラフを表示する場合は以下のようにすればよい．

```python
# Jupyter 上での表示を想定
%matplotlib inline
import matplotlib.pyplot as plt

df_diff.plot()
```

Jupyter 上では上のコマンドのみで表示されるが，ターミナルでは追加で以下のコマンドが必要となる．

```python
plt.show()
```

表示結果を図 **A.1** に示す．

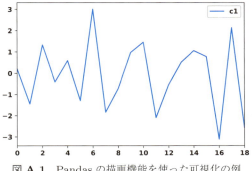
図 A.1　Pandas の描画機能を使った可視化の例

A.3　TensorFlow の基礎

　TensorFlow は Google が開発した深層学習フレームワークである．ユーザー数が多くコミュニティが活発であり情報が入手しやすく，計算のための機能が充実しているのが特徴である．計算に関連した関数が豊富なことから，TensorFlow に用意されている OP（operation：計算操作）だけで独自の機能実装まで行えるという利点がある．また，実応用に対しても配慮がされており，C++や Go 言語，Android での利用もサポートしており様々な場面での応用が可能となっている．加えて，バージョン 2.0 からは Eager Execution が標準となり Define-by-Run 方式での実行が容易になったことからデバッグがしやすくなり，開発効率がさらに上がった．TensorFlow の機能は多岐にわたるため，説明はごく一部に限って行う．本書では Eager Execution を使用するため，Eager Execution でモデル構築するための最小限の説明に留める．

インストール

本書では Eager Execution を使用し，かつ，GPU での演算は行わない．この場合の執筆時点（2019 年 4 月）でのインストールコマンドは以下のようになる．執筆時点ではアルファ版の提供となってため，「`==2.0.0-alpha0`」を付ける必要がある．

```
$ pip install tensorflow==2.0.0-alpha0
```

　GPU を使用する場合は以下でインストールできる．

```
$ pip install tensorflow-gpu==2.0.0-alpha0
```

204   A.3 TensorFlow の基礎

Eager Execution

TensorFlow は元々，データをモデルに投入する前に計算グラフを固定する Define-and-Run 方式を採用していた．TensorFlow 1.x では，tf.* API の呼び出しを行うことによって，ユーザーがグラフを事前に手動で組む必要があり，グラフを組んだ後，ユーザーは `session.run()` に渡すことによってグラフを手動でコンパイルする必要があった．TensorFlow 2.0 は Eager Execution が標準であるため，`session.run()` が不要であり，通常の `call` によって実行される．TensorFlow 2.0(Eager Execution) では，記述した順にコードが実行されるため，`tf.control_dependencies()` が不要になった．また，TensorFlow 2.0 では `tf.function` によって JIT コンパイラを使用することができる．`tf.function` を使用しグラフを固定することで実行速度が速くなる．加えて，TensorFlow 1.x ではグローバルな名前空間に大きく依存しており，フレームワークの構造およびコードが複雑になっていた．TensorFlow 2.0 ではこれらの構造を大きく変更し，変数のトラッキングとガベージコレクトが行われるため，より簡潔なコードを記述できるようになった．TensorFlow の公式ドキュメントには例として 1.x と 2.0 での実行時のコードが以下のように掲載されている．

```
# TensorFlow 1.x
outputs = session.run(f(placeholder), feed_dict={placeholder: input})
# TensorFlow 2.0
outputs = f(input)
```

基本操作

　画像データセット MNIST を使った計算例を示す．モデル構築時の各レイヤーについては `tf.nn` ではなくて，`tf.keras.layers` に統一される予定であるが，アルファ版では `tf.nn` 下にあったメソッドと同等の `tf.keras.layers` 下のメソッドでは挙動が異なるものがあるため，注意が必要である．

　まず，データセットを準備する．

```
import tensorflow as tf
mnist = tf.keras.datasets.mnist

(x_train, y_train), (x_test, y_test) = mnist.load_data()
x_train, x_test = x_train / 255.0, x_test / 255.0
```

　次に，ネットワークを記述するコードを以下に示す．

```
# tf.keras.Sequential を使用したモデルの構築.
# 1.x 系と同様に tf.keras.Model を承継したモデル構築も可能.
# tf.keras.Model を承継する場合,
# 基本的には__init__メソッドでネットワークで使用する各層などのパーツを定義し
# call メソッドで__init__メソッドを定義したパーツを使用して処理を実行する.
model = tf.keras.models.Sequential([
    tf.keras.layers.Flatten(input_shape=(28, 28)),
    tf.keras.layers.Dense(128, activation='relu'),
    tf.keras.layers.Dropout(0.2),
    tf.keras.layers.Dense(10, activation='softmax')
])

# Sequential モデルの compile メソッドの引数として
# 最適化関数, loss 関数, 評価指標などを渡すことができる.
# 全データをメモリにのせて処理を回したい場合は compile する.
model.compile(optimizer='adam',
              loss='sparse_categorical_crossentropy',
              metrics=['accuracy'])
```

次に作成したネットワーク（モデル）を用いて，学習とバリデーションを実行する．

```
model.fit(x_train, y_train, epochs=5)
model.evaluate(x_test, y_test)
```

上の方法だとすべてのデータがメモリに載りきる場合の処理しかできない．そこで，tf.data.Dataset で用意されているメソッドを用いディスクから逐次データを読み出す独自の dataset を作成することが考えられる．例えば，MNIST データをディスクから読み出して，独自の dataset を作成する場合は以下のようなコードが考えられる．

```
# MNIST データのロード
def dataset(directory, images_file, labels_file):
    """MNIST データセットのロードとパース"""

    images_file = download(directory, images_file)
    labels_file = download(directory, labels_file)

    check_image_file_header(images_file)
    check_labels_file_header(labels_file)
```

```
def decode_image(image):
    # [0, 255] から [0.0, 1.0] に正規化
    image = tf.decode_raw(image, tf.uint8)
    image = tf.cast(image, tf.float32)
    image = tf.reshape(image, [784])
    return image / 255.0

def decode_label(label):
    label = tf.decode_raw(label, tf.uint8)  # tf.string -> [tf.uint8]
    label = tf.reshape(label, [])
    return tf.to_int32(label)


images = tf.data.FixedLengthRecordDataset(
    images_file, 28 * 28, header_bytes=16).map(decode_image)
labels = tf.data.FixedLengthRecordDataset(
    labels_file, 1, header_bytes=8).map(decode_label)
return tf.data.Dataset.zip((images, labels))
```

上で作成した独自の dataset を用いモデルを学習するコードは次のように書ける．model は上で tf.keras.models.Sequential で作成した model でよい．optimizer は optimizer= tf.keras.optimizers.Adam(learning_rate) のように任意の最適化関数を考えればよい． loss_fn も任意の損失関数でよく，TensorFlow の枠組みの中で作られた自作の損失関数で もよい．

```
def train(model, dataset, optimizer):
    for x, y in dataset:
        # GradientTape で内部の計算を記録
        with tf.GradientTape() as tape:
            prediction = model(x)
            loss = loss_fn(prediction, y)
        # 勾配計算
        gradients = tape.gradients(loss, model.trainable_variables)
        # パラメタ更新
        optimizer.apply_gradients(zip(gradients, model.trainable_variables))
```

参考文献

[1] Adams, R. P. and MacKay, D. J. C.(2007). Bayesian Online Changepoint Detection. preprint arXiv:0710.3742.

[2] Bishop, C. M.(2010). *Pattern Recognition and Machine Learning, Springer.*［元田浩・栗田多喜夫・樋口知之・松本裕治・村田昇 監訳 (2012). パターン認識と機械学習　下, 丸善出版.］

[3] Chandola, V., Banerjee, A., and Kumar,V.(2009). Anomaly Detection: A Survey, *ACM computing surveys (CSUR)*, **41**, 3, 15:1-15:58.

[4] Durbin, J. and Koopman, S. J.(2012). *Time Series Analysis by State Space Method*, Oxford University Press.

[5] Malhotra, P., Ramakrishnan, A., Anand, G., Vig, L., Agarwal, P., and Shroff, G. (2016). LSTM-based Encoder-Decoder for Multi-sensor Anomaly Detection, In Anomaly Detection Workshop at 33rd International Conference on Machine Learning (ICML 2016). *CoRR*, https://arxiv.org/abs/1607.00148.

[6] Ng, A. CS229 Lecture notes, http://cs229.stanford.edu/notes/cs229-notes8.pdf.

[7] 赤池弘次・北川源四郎 (1994). 時系列解析の実際〈1〉(統計科学選書), 朝倉書店.

[8] 赤池弘次・北川源四郎 (1995). 時系列解析の実際〈2〉(統計科学選書), 朝倉書店.

[9] 穴井宏和 (2013). 数理最適化の実践ガイド, 講談社.

[10] 井手剛・杉山将 (2015). 異常検知と変化検知, 講談社.

[11] 岩波データサイエンス刊行委員会 (2017). 岩波データサイエンス Vol.6, 岩波書店.

[12] 上野玄太・中村和幸・中野慎也・樋口知之 (2011). データ同化入門, 朝倉書店.

[13] 沖本竜義 (2010). 経済・ファイナンスデータの計量時系列分析, 朝倉出版.

[14] 刈屋武昭・田中勝人・矢島美寛・竹内啓 (2003). 経済時系列の統計—その数理的基礎 (統計科学のフロンティア 8), 岩波書店.

[15] 北川源四郎 (2005). 時系列解析入門, 岩波書店.

[16] 木村武 (1995). 季節調整の方法とその評価について, 日本銀行金融研究所「金融研究」, **14**, 4, 153-204, https://www.imes.boj.or.jp/research/papers/japanese/kk14-4-5.pdf.

[17] 姜興起 (2010). ベイズ統計データ解析 (R で学ぶデータサイエンス 3), 共立出版.

[18] 須山敦志 (2017). ベイズ推論による機械学習入門，講談社.

[19] 樋口知之 (2011). 予測にいかす統計モデリングの基本—ベイズ統計入門から応用まで，講談社.

[20] 矢野浩一 (2014). 粒子フィルタの基礎と応用：フィルタ・平滑化・パラメータ推定，日本統計学会誌，**44**, 1, 189-216.

[21] 山西健司 (2009). データマイニングによる異常検知，共立出版.

[22] 横内大介・青木義充 (2014). 現場ですぐ使える時系列データ分析—データサイエンティストのための基礎知識—，技術評論社.

[23] 渡辺美智子・神田智弘 (2008). 実践ワークショップ Excel 徹底活用 統計データ分析—基本統計量の活用方法から時系列分析・多変量解析の実践まで，秀和システム.

索 引

■英数字

1期先予測　88
1変量時系列　3

ADF 検定　38, 62
AIC　40
Anaconda　5
ARIMA モデル　50
ARMA モデル　47
AR 成分付き季節調整モデル　106
AR モデル　34
AUC　154

Bayesian Online Change Point Detection
　160
BIC　41

ChangeFinder　155

Dickey-Fuller(DF) 検定　62

EM アルゴリズム　146
EncDec-AD　170
Engle-Granger 共和分検定　80

F 値　154

LSTM　170

MA モデル　44

OLS 法　36

PARCOR　106
p 値　22

RNN　170

SARIMA モデル　56
Shapiro-Wilk 検定　22
SUR　67

X-13-ARIMA　14

■あ行

赤池情報量規準　40

イェンセンの不等式　146
異常検知　151
異常値　3
一般化加法モデル　85
移動中央値法　9
移動平均乖離率　17
移動平均法　9
移動平均モデル　44

ウィンドウサイズ　9

エビデンス　163
エンコーダー　171

■か行

回帰係数　33
回帰モデル　31
階差系列　20
ガウス型時系列　3
拡張 DF(ADF) 検定　28
拡張カルマンフィルタ　118
撹乱項　36
確率過程　20
確率密度関数　155
隠れマルコフモデル　86, 144
加法モデル　7
カルマンゲイン　91
カルマンフィルタ　90
観測行列　87
観測ノイズ　86

記述　4
季節指数　16
季節調整　14
季節調整済み系列　14

210　索　引

季節調整モデル　100
季節変動　6
季節変動自己回帰和分移動平均モデル　56
期待値　18
帰無仮説　21
教師あり異常検知　153
教師なし異常検知　154
強定常性　27
共分散　19
共和分検定　81

グラフィカルモデル　86
グラフィカルモデルの有向分離性　88
グレンジャー因果　74

傾向変動　6
係数行列　87
欠測値　3, 93
欠測値補間　21
欠測データ　20
原系列データ　6

固定区間平滑化　89
固定点平滑化　89
固定ラグ平滑化　89
コレログラム　19, 24

■さ行
再現率　154
最小二乗推定量　31
最小二乗法　32
最尤推定　21, 33
最尤推定量　32, 33
最尤法　33
差分系列　20
残差　31
残差平方和　32

時間不変性　23
時系列解析　1
時系列モデル　20
自己回帰移動平均モデル　47
自己回帰係数　35
自己回帰モデル　34
自己回帰和分移動平均モデル　50
自己共分散　19
自己相関　19

自己相関関数　19
自己相関係数　19, 24
自己組織化状態空間モデル　130
事後分布　160
次数　31
指数型分布族　162
システムノイズ　86
事前分布　161
弱定常性　27
集団型異常　151
十分統計量　163
周辺化　160
周辺尤度　163
縮退　122
条件付き最大尤度　43
状態空間モデル　85
状態推移行列　87
乗法モデル　7
情報量規準　40
深層学習　170
信用区間　115

推移関係　25
スチューデントの t 分布　166

正規方程式　32
正定値　19
説明変数　31
線形ガウス型モデル　90
線形時系列　3
線形動的システム　86
潜在変数　144
センサス局法 X-11　14

■た行
第一種過誤　22
対数系列　20
対数差分系列　20
対数尤度　33
第二種過誤　22
対立仮説　21
多変量時系列　3
単位根過程　59

逐次フィルタ　89
中心化移動平均　12

定常過程　59
定常時系列　3
適合率　154
デコーダー　171
点異常　151
点過程データ　1

統計的仮説検定　21
同時確率密度関数　93
同時分布　160
同時方程式モデル　67
特性方程式　37, 62
独立同分布　29
トレンド　6

■は行
ハザード関数　161
バックシフト演算子　57
半教師あり異常検知　153
反転可能　50
反転可能性　50

非ガウス型時系列　3
非線形時系列　3
非線形動的システム　86
非線形非ガウス型モデル　118
非定常過程　60
非定常時系列　3
標準偏差　18

フィルタ　88
不規則変動　6
分散　18
分散共分散行列　19
文脈依存型異常　151

平滑化　9
平均　18
平均回帰性　59

平均二乗誤差　74
ベイズ情報量規準　40
偏自己相関　25, 106
偏自己相関係数　25

ボラティリティ　18
ホワイトノイズ　29, 44

■ま行
マルコフモデル　85

見かけ上無関係な回帰　67
見せかけの回帰　79

無条件最大尤度　43

目的変数　31
モデリング　4

■や行
有意水準　22
有向分離　88
ユール・ウォーカー方程式　37, 47

予測　4
予測誤差分散分解　72
予測分布　160

■ら行
ラグ　23
ラグ演算子　37

離散時間時系列　2
リサンプリング　121
粒子フィルタ　119, 120

連続時間時系列　2
連長　160

Memorandum

Memorandum

Memorandum

〈著者紹介〉

島田直希（しまだ なおき）
IT企業のR&D部門に所属．
著訳書に『Chainerで学ぶディープラーニング入門』（共著，技術評論社，2017），
『データ分析プロジェクトの手引』（共訳，共立出版，2017），
『推薦システム』（共訳，共立出版，2018）．

Advanced Python 1	著　者　島田直希 ⓒ 2019
時系列解析	発行者　南條光章
―自己回帰型モデル・ 状態空間モデル・異常検知―	発行所　共立出版株式会社
Time Series Analysis	東京都文京区小日向 4-6-19 電話　03-3947-2511（代表） 郵便番号　112-0006 振替口座　00110-2-57035 www.kyoritsu-pub.co.jp
2019年9月15日　初版1刷発行 2021年5月1日　初版6刷発行	
	印　刷　大日本法令印刷
	製　本　加藤製本
検印廃止 NDC 417.6 ISBN 978-4-320-12501-8	一般社団法人 自然科学書協会 会員 Printed in Japan

JCOPY ＜出版者著作権管理機構委託出版物＞
本書の無断複製は著作権法上での例外を除き禁じられています．複製される場合は，そのつど事前に，出版者著作権管理機構（TEL：03-5244-5088，FAX：03-5244-5089，e-mail：info@jcopy.or.jp）の許諾を得てください．

推薦システム
―統計的機械学習の理論と実践―

Deepak K. Agarwal・Bee-Chung Chen著／島田直希・大浦健志訳

▶推薦システムの構築を検討しているエンジニアにとって，現実的な課題に対峙するための知識を得る最適な一冊。

推薦システムにおける課題設定，理論およびシステム構築の複雑な概念を，著者の大規模システムでの開発，運用事例をもとに具体的な説明を行っている。実務で応用可能な理論的，技術的な知識を身につけることができる。

A5判・並製・352頁・定価4,180円（税込）・ISBN978-4-320-12430-1

Pythonによるベイズ統計モデリング
―PyMCでのデータ分析実践ガイド―

Osvaldo Martin著／金子武久訳

▶確率プログラミングのライブラリPyMC3を使ったベイズ統計モデリングの基本を，シンプルなデータを用いて実践的に解説。

PythonのインストールからPyMC3による統計モデルの実装，チェック，拡張まで解説し，特にベイズ流の回帰分析の考え方を詳しく紹介。本書のコードを実行することで，ベイズ統計モデリングの概念や応用法を実践的に学べる。

B5変型判・並製・296頁・定価3,960円（税込）・ISBN978-4-320-11337-4

Pythonではじめる
ソフトウェアアーキテクチャ

Anand Balachandran Pillai著／渡辺賢人・佐藤貴之・山元亮典訳

▶スケーラビリティ，頑健性，セキュリティ，パフォーマンスが優れているアプリケーションをPythonで実現！

優れたソフトウェアアーキテクチャをPythonによって，いかに実現するかを詳しく丁寧に解説。保守性，再利用性，テスト容易性，スケーラビリティ，パフォーマンスなどを取り上げ，頑健かつ柔軟な設計方法を理解し身につける。

B5判・並製・456頁・定価6,600円（税込）・ISBN978-4-320-12443-1

Pythonによる機械学習
―予測解析の必須テクニック―

Michael Bowles著／露崎博之・山本康平・大草孝介訳

▶Pythonコードを用いて解説！

様々なデータから未来を予測する"回帰問題"や"分類問題"に焦点を当て，多くのPythonコードとともに，機械学習の効率的なアルゴリズムを取り上げる。実際に手を動かしながら読み進めることで，アルゴリズムがどのように振る舞うかをプログラムから理解し，結果を適切に解釈できる力を身につける。

B5変型判・並製・334頁・定価4,950円（税込）・ISBN978-4-320-12438-7

（価格は変更される場合がございます）

共立出版

www.kyoritsu-pub.co.jp
https://www.facebook.com/kyoritsu.pub